여행자를 위한
도시 인문학

광주

광주

과즈앙

여행자를 위한
도시 인문학

김준 지음

가지
KINDS
BOOK

여행자를 위한
도시 인문학

광주

## 제1부　도도히 흐르는 광주정신

서
문

## 광주라는 도시를
## 읽는 법

광주를 돌아보는 것이 낯설지만 설레었다. 때마침 코로나
대유행을 맞아 마스크가 답답했지만 다른 한편으로 자유롭기
도 했다. 철들면서부터 줄곧 광주에서 살고 있지만 이번처럼
구석구석을 살펴보지는 못했다. 때로는 자전거를 타고 광주천
과 시내를 돌아다녔고, 때로는 동명동과 양동시장을 걸었다.
무등산을 걸으면서 광주 사람인 것이 자랑스럽고 행복했다. 광
주민중항쟁의 전적지도 새로웠다. 새삼스레 광주의 아름다움,
광주의 가치를 공감하는 시간이었다. 그 느낌을 광주를 찾아오
는 이들에게 전하고 싶었다. 여전히 광주를 5·18로만 읽는 타
지 사람들에게 이 도시에도 더 많은 이야기가 있다는 것을 알
리고 싶었다.

　광주를 의향(義鄕), 예향(藝鄕), 미향(味鄕)이라고 한다. 이렇게 삼향이라 일컫는 정체성이 진부하다고 생각했었다. 어느 도시나 내세우는 것들이니 정체성으로 아쉬움이 앞섰다. 그러나 〈여행자를 위한 도시 인문학〉 원고를 준비하면서 광주는 의향임에 틀림없다는 확신이 들었다. 임진란과 한말 나라를 잃을 위기에 의병을 일으켜 조국을 구한 호남 의병이 있었다. 일제강점기에 독립운동의 불씨를 살린 학생운동의 출발지도 광주였다. 그리고 1980년 광주민주화운동까지 이어졌다.

　광주 음식은 아무 식당이나 문 열고 들어가도 될 만큼 믿고 먹는다는 사람이 많다. 사실 광주 음식이라기보다는 '남도 음식'이라 해야 맞을 것이다. 광주는 오랫동안 전라남도의 구심점으로 기능했다. 2019년에 전라도 정명(定名) 1000년이 지났다. 광주가 전라도의 중심이 된 것은 일제강점기 이후라 해도 과언이 아니다.

　예향도 마찬가지다. 한국화를 대표하는 남종화, 우리 소리의 중심 남도소리는 광주 문화라기보다는 '남도 문화'로 해석해야 맞다. 하지만 남도 문화가 소비되고 유통되는 그 중심에 광주가 있다. 그 맥을 잇는 사람들이 광주에 머물고 있다.


　무등산과 영산강이 없었다면 광주라는 도시가 가능했을까? 불가능했을 일이다. 광주에 머물렀던 선사인들의 흔적은 영산강변에 있다. 씨를 뿌려 농사를 짓고 도구를 만들고 옷과

집을 지어서 살았다. 그리고 춤과 노래로 하늘과 땅에 감사했다. 영산강 주변에 모인 크고 작은 집단은 국가를 이루어 백제와 다른 마한이라는 세력을 형성했다. 새로 들어선 상무지구나 수완지구, 첨단지구 역시 영산강 상류에 만들어진 도시들이다. 무등산 안으로도 도시는 확대되었다. 호환을 두려워했던 곳에 아파트가 들어섰다. 영산강과 광주천과 무등산은 예나 지금이나 광주 사람들의 생활 터전이다. 옛날에는 그곳에서 의식주를 해결했지만 이젠 조망권, 힐링, 자연 등 새로운 가치들로 주목을 받고 있다.

광주의 근대에 누구보다 큰 영향을 미친 사람들은 선교사였다. 그들은 양림동에 모여들었다. 사람들이 머물기를 꺼리는 공동묘지와 풍장이 성행하던 곳에 임시 거처를 만들고 선교활동을 했다. 민중들에게 가장 필요한 의료와 교육을 선교수단으로 삼았다. 조선사회에는 문명에 소외된 여성이 많았으니, 수피아여학교가 세워진 것도 우연이 아니다. 잇따라 광주 YMCA · YWCA가 만들어지고 병원이 세워졌다. 이곳에서 활동했던 사람들은 이후 광주의 정치 · 사회 · 경제 · 문화 · 교육 등 다양한 방면으로 영역을 넓혔다. 이제 양림동은 새로운 창작공간으로 변신하고 있다.

나는 중학교까지 산골마을에서 다녔다. 처음 광주를 방문했던 때는 중학생이었다. 웅변대회에 참가하기 위해 구동체육관에 갔다가 선생님과 함께 사직공원에 올랐다. 벚꽃이 만개한 사직공원은 상춘객들로 인산인해였다. 전망대에서 내려다본 광주의 모습은 그야말로 별천지였다. 난생 처음 본 원숭이와 사자는 어땠는가. 지금은 우치공원으로 옮겼지만 그때는 사직공원에 동물원이 있었다. 또 다른 기억은 충장로에서 먹은 짜장면이다. 시골에도 중국집이 있었지만 맛이 달랐다. 그 중국집은 지금도 충장로에서 영업을 하고, 가끔 아이들과 먹으러 간다.

군복무를 마치고 늦게 시작된 철학과 역사, 한국사회에 대한 관심은 대학원으로 이어져 농촌 연구, 시민사회 활동, 어촌 연구로 구체화되었다. '광주'와 '전남'에 관심을 갖기 시작한 것도 그 무렵이다. 본격적으로 광주 인문학에 관심을 갖기 시작한 것은 1990년대 초반이었다. 동학들과 광주와 전남의 근현대사를 살피는데 자료가 워낙 부족해서 새롭게 발굴해내야 할 형편이었다. 당시 《예향》《금호문화》 등 월간지가 흔적을 찾아가는 데 큰 도움이 되었다. 박선홍의 《광주 100년》은 훌륭한 교재였다. 이후 광주역사민속박물관에서 기획해 전시하고 출간한 도록과 책들은 현장 조사와 자료 색인에 나침판 역할을 해주었다.

2000년대 들어서면서 테마 답사를 시작했다. 역사 · 민속 · 생태 · 건축 · 문화예술 등을 전공하는 동료들과 함께 광주 · 나주 · 전주 · 군산 · 목포 등 도시는 물론이고 염전 · 갯벌 · 읍성 등을 테마로 답사를 진행했다. 함께 답사를 다닌 '전라도지 오그래픽' 동학들과 '전라도닷컴'의 도움이 컸다. 이후 줄곧 섬 과 갯벌과 어촌을 찾아다녔다. 이번 책을 준비하며 색이 바랜 기억을 되새기며 조용히 몇 년을 걸었다. 그 과정에 광주문화 재단과 지역문화교류재단의 '광주학' 관련 출판물이 큰 도움이 되었다. 도시 역사와 문화를 살뜰히 기록해온 모두에게 특별한 감사를 전하고 싶다.

광주라는 도시는 이렇게 오랫동안 몸담고 살아온 내게도 여전히 읽기 힘든 텍스트다. 이제 광주를 어떻게 읽어야 할지 조금 알 것 같다. 탈고를 하고 보니 부끄럽지만 광주를 모르는, 혹은 광주를 처음 찾는 방문객들에게는 나름 도움을 줄 수 있 는 기초 인문서가 될 수 있다고 여기며 용기를 냈다. 모쪼록 한 국의 젊은 세대들이 광주를 더 많이 찾아오고 이해하고 사랑하 는 데 작은 힘이나마 보탤 수 있기를 바란다.

# 광주 인문 지도

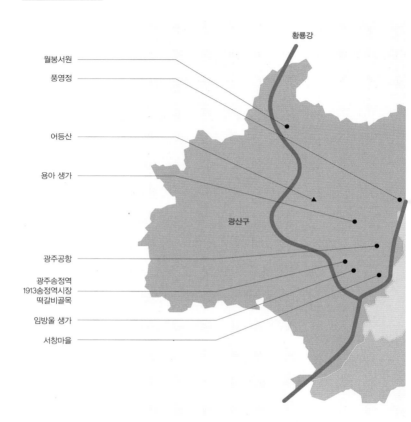

월봉서원
풍영정

어등산

용아 생가

광주공항

광주송정역
1913송정역시장
떡갈비골목

임방울 생가

서창마을

황룡강

광산구

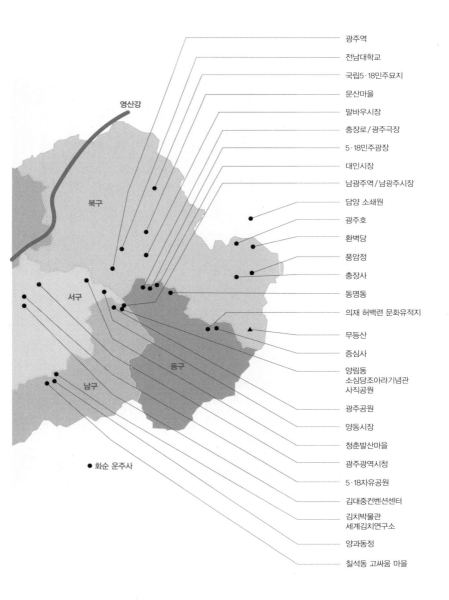

영산강

북구

서구

동구

남구

광주역
전남대학교
국립5·18민주묘지
문산마을
말바우시장
충장로 / 광주극장
5·18민주광장
대인시장
남광주역 / 남광주시장
담양 소쇄원
광주호
환벽당
풍암정
충장사
동명동
의재 허백련 문화유적지
무등산
증심사
양림동
소심당조아라기념관
사직공원
광주공원
양동시장
청춘발산마을
광주광역시청
5·18자유공원
김대중컨벤션센터
김치박물관
세계김치연구소
양과동정
칠석동 고싸움 마을

● 화순 운주사

제1부

# 도도히 흐르는
# 광주정신

한국 민주주의의 촛불
# 5·18민주화운동

광주에서 가장 넓은 도로였던 8차선 금남로. 145만여 명이 거주하는 광역시의 그 길은 지금 넓지 않다. 은행과 증권회사, 백화점과 언론사, 극장들이 모여 있던 그곳을 지금은 '유네스코 민주인권로'라 부른다. 그 정점은 '5·18민주광장'이다. 5·18민주화운동 당시 시민들이 모여 대성회를 했던 도청 앞 분수대 광장이다. 이 길과 광장을 일제강점기에는 '본정통'이라 불렀고 해방 후 금남로로 바뀌었다. 금남은 조선 중기 무인 정충신의 작호(爵號)인 금남군(錦南君)에서 비롯되었다.

유네스코 민주인권로에는 국립아시아문화전당(옛 도청), 5·18민주광장(분수대), 전일빌딩, YMCA, 5·18민주화운동기록관(옛 가톨릭센터) 등이 있다. 국립아시아문화전당으로 바뀐 옛 도청은 5·18 당시 시민군이 최후의 항쟁을 벌였던 곳이다. 맞은편 상무관도 희생자들의 시신이 망월동에 묻히기 전 안치되었던 곳이다. 민주광장은 민주화운동 때 학생과 노동자와 농민들이 모이는 곳이었고, 광주항쟁 이후에는 5·18 책임자 처벌과 진상 규명, 명예 회복을 위한 집회가 열리고 있는 장소다. 민주화운동을 위해 산화한 열사들은 이곳에서 노제를 지낸 뒤 망월동에 안장되었다.

시인 김준태는 1980년 6월 2일 전남매일신문에 〈아아, 광주여 우리나라의 십자가여〉라는 시를 발표했다. 109행에 달하는 시는 신군부의 검열을 거쳐 33행만 실렸지만 전문이 비밀리에 인쇄되어 전국에 뿌려졌다. 그 파장은 대단했다. 시인은 혹독한 대가를 치러야 했다. 전남매일신문도 금남로에 있었다.

삭제된 부분에는 '충장로에서 금남로에서/화정동에서 산수동에서 용봉동에서/지원동에서 양동에서 계림동에서/그리고 그리고 그리고……/아아, 우리들의 피와 살덩이를/삼키고 불어오는 바람이여/속절없는 세월의 흐름이여'라는 내용이 있다. 지명들은 모두 광주항쟁 시기에 시민과 학생들이 피를 흘렸던 곳이다. '여보 당신을 기다리다가/문밖에 나가 당신을 기다리다가/나는 죽었어요'라는 행도 검열로 삭제되었다. 이 비운의 주인공은 시인의 학교 동료 아내였다. 학생들이 걱정되어 시내로 나간 남편을 기다리다 뱃속에 아이를 간직한 채 계엄군이 쏜 총에 맞아 죽었다. 그녀는 망월묘지에 묻혀 있다.

1980년 5월 18일부터 1981년 1월 24일까지 455일 동안 비상계엄으로 모든 언론은 사전검열을 받아야 했다. 신문·방송·통신 등의 눈과 입을 가리고 막았으니, 27일간 광주에서 벌어진 신군부의 '충정훈련'이라는 만행은 외부로 알려지지 않았다. 오히려 '북한의 사주를 받은 불온세력의 폭동'으로 보도되었다.

광주 소식은 독일에 가장 먼저 알려졌다. 국내에도 알려지지 않았던 소식을 독일에 알린 이는 위르겐 힌츠페터라는 이름의 독일 공영방송 카메라 기자였다. 당시 일본 특파원이던 그는 5·18민주화운동 소식을 듣고 한국으로 건너와 취재를 시작했다. 목숨을 건 취재 이야기는 영화 〈택시운전사〉로 만들어졌다. 국내 기자들은 두 눈으로 보고도 신문에 단 한 줄의 진실도 보도할 수 없었다. 당시 전남매일신문 기자 일동은 '우리는 보았다. 사람이 개 끌리듯 끌려가 죽어가는 것을 두 눈으로 똑똑히 보았다. 그러나 신문에는 단 한 줄도 싣지 못했다. 이에 우리는 부끄러워 붓을 놓는다'라며 1980년 5월 20일자로 사직서를 쓰고 붓을 놓았다.

치안이 무너지고 약탈과 방화가 난무하다는 보도와 달리 시장은 평온했고 은행이 털렸다는 이야기도 없었다. 양동시장에서 장사하는 어머니들은 진압군과 계엄군에 쫓기는 학생이나 청년들을 숨기고 상가 셔터를 내렸다. 계엄군이 물러간 뒤에는 배고픈 이들을 위해 솥을 걸고 주먹밥을 만들어 시위대가 탄 차에 올려주었다. 양동시장뿐만 아니라 대인시장, 학동시장, 산수시장, 서방시장 어머니들도 장사를 미뤄두고 십시일반 모은 쌀로 밥을 짓고 주먹밥을 만들었다. 치안력 부재 상황에서도 약탈과 방화 대신 공동체정신이 살아났다. 먹을 것을 나누

1980년의 도청 앞 광장(위)과 옛 도청 건물 자리에 국립아시아문화전당이 들어선 현재의 민주광장(아래). 모습은 바뀌었어도 광주정신을 이어가는 민주주의의 상징성은 여전하다.

고 죽어가는 사람들을 살리기 위해 헌혈하려는 사람들이 줄을
이었다. 이를 오늘날 '광주정신'이라고 한다. 모든 권력은 국민
으로부터 나온다는 '촛불정신'을 앞서 보여준 것이 '광주정신'
이었다.

　광주민주화운동 이후 금남로와 민주광장에서는 민족민주
진영이 진상 규명과 책임자 처벌을 요구하는 투쟁을 이어갔다.
광주를 짓밟고 대통령이 되었던 전두환과 노태우는 임기 내내
진실을 감추고 왜곡했다. 이후 두 사람은 처벌 후 사면되었고
5·18민주화운동은 국가기념일로 지정되었다. '폭도'는 5·18
민주유공자가 되었고 5·18묘지는 국립5·18민주묘지가 되었
다. '도청 앞'은 1980년 이후 1990년대 말까지 20여 년 동안
민주주의의 상징이었다. 광주정신은 동시대에 국가폭력의 아
픔을 겪었던, 또 겪고 있는 아시아 여러 나라들에게도 희망이
되었다.

산자여 따르라
# 망월묘지

검은 치마와 셔츠를 입은 어머니가 망월동의 아들 묘지에서 하얀 국화 한 송이를 빼어 들고 건너편 묘지에 올려놓는다. 다시 또 한 송이를 들고 아래쪽 무덤에도 올려놓는다. 가을이 익어가는 10월, 아들의 기일이다. 1990년대 대학에서 '오월대'로 활동하던 아들이 행방불명되었다가 주검이 되어 돌아왔다. 어머니는 여전히 아들의 죽음을 받아들일 수 없다.

1980년 5월도 그랬다. 가족들은 공포와 분노 속에서 주검을 손수레에 싣고 와 묻었고, 연고자를 바로 찾지 못한 시신들은 청소차로 운반해 왔다. 수소문 끝에 망월동에서 비닐에 둘둘 말린 채 묻힌 시신을 찾아낸 가족들은 피눈물을 흘리며 오열했다. 시신이라도 찾은 사람은 다행이었다. 행방불명된 사람들의 가족은 넋을 잃고 쓰러졌다.

정권을 잡은 신군부는 '성지화'를 두려워했다. 그래서 망월묘지를 없애기 위해 보상금을 미끼로 시신을 옮기라고 요구했다. 행정을 앞세워 회유하고, 민간단체를 만들어 돈으로 유혹하고, 보안대가 나서서 협박했다. 하지만 유가족들은 협박과 회유와 위협 속에서도 망월묘지를 지켜냈다. 이후 민주화운동을 하다 산화한 혁명시인 김남주, 6월항쟁의 불을 지핀 이한열, 아스팔트 농사꾼 정광훈, 코스모스를 좋아했던 학생 박승희 등

5 · 18 유공자들이 안장된 국립5 · 18민주묘지.

1980년의 광주 소식을 세계 최초로 독일에 알린 독일 공영방송 카메라 기자 위르겐 힌츠페터의 유품도 망월동 구묘역에 안장되었다.

많은 민주열사들이 이곳에 묻혔고, '푸른 눈의 목격자'인 위르겐 힌츠페터의 유품도 안장되었다. 망월동은 민주광장과 함께 광주항쟁의 성지로 자리 잡았다. 망월묘지가 우리나라뿐만 아니라 아시아와 세계에서 주목하는 장소가 되어온 과정이다.

망월묘지 혹은 망월동이라 부르는 곳에는 '국립5·18민주묘지'(신묘역), 5·18사적지로 지정된 '5·18구묘역', '망월동 시립묘지'가 있다. 구묘역은 망월동 시립묘지 8묘역에 해당된다. 민주화운동 희생자들을 전부 구묘역에 안장하다가 5·18 성역화 사업이 완공된 1997년에 5·18 유공자들은 모두 '신묘역'으로 이장했다. 영혼결혼식을 올렸던, 시민군 대변인 윤상원 열사와 들불야학 지도자 박기순 열사도 신묘역에 함께 안장되었다. 신묘역은 2002년 7월 국가보훈처가 관리하는 '국립 5·18민주묘지'로 승격되었다. 구묘역에는 5·18 이후 진상 규명과 책임자 처벌 그리고 민주화운동을 하다 산화한 민주열사들이 묻혔다. 최근 82세로 별세한 고 이한열 열사의 어머니 배은심 여사도 이곳에 안장되었다. 광주 사람들에게 망월동은 단순한 행정명칭이 아니라 민주화운동의 성지이며 '열사묘지'다.

망월묘지로 가는 길은 지금이야 시내버스가 다니는 자유로운 도로지만 오랫동안 경찰이 감시하는 길이었다. 5·18민주화운동 이후 몇 년 동안 유가족의 추도식도 허용되지 않았다. 5월이 되면 사람들은 산을 넘고 들을 지나 삼삼오오 이곳에 모여 몰래 추도식을 갖고 도청 앞 민주광장으로 이동했다. 언젠 가는 전두환이 담양 어느 집에 민박을 했던 모양이다. 누구의 발상이었는지 그곳에 '전두환 대통령 내외가 민박한 집'이라는 표지석을 세웠다. 그 표지석은 지금 망월묘지 입구에 쓰러져 참배하러 온 시민들이 밟고 지나다닌다.

5·18 관련단체와 광주·전남 민주단체들이 주최하던 5월 추모제는 2003년부터 '5·18광주민주화운동 기념식'이라는 이름으로 신묘역에서 국가보훈처가 주관하고 있다. 행사의 격 은 높아졌을지 모르지만 광주 시민들은 불편해졌다. 고위 공직 자가 참석하는 해에는 며칠 전부터 인근 교통 통제가 시작되 고, 당일 기념식에는 검정 양복을 차려입은 정치인들이 맨 앞 에 서서 사진을 찍는다. 그 뒤로 지역 정치인들과 5·18단체 대표들이 자리한다. 유가족들은 뒷자리로 물러나야 하고, 민주 화운동의 주역인 광주 시민들은 초대받지 못한 손님으로 얼씬 도 못한다. 2000년 5·18 20주년 행사에 김대중 대통령이 참 석한 이후 노무현·이명박·박근혜·문재인 대통령이 기념식 에 참석했다.


구묘역에서 신묘역으로 넘어오는 길은 5월을 노래한 시들 이 안내한다. 문익환의 〈그날이 오면〉, 조태일의 〈광주〉, 문병 란의 〈다시 타오르는 5월〉, 고정희의 〈누가 그날을 모른다 말 하리〉. 해남 출신 고정희의 시를 읽다 보니 하얀 국화를 나누던

어머니를 보면서도 참았던 눈물이 흘러내렸다. '넋이여. 망월
동에 잠든 넋이여/하늘이 푸르러 눈물이 나네/산꽃 들꽃 피어
나니 눈물이 나네/누가 그날을 잊었다 말하리/누가 그날을 모
른다 말하리/가슴과 가슴에서 되살아나는 넋/칼바람 세월 속
에 우뚝 솟은 너'.

민주의 문을 들어서자 〈임을 위한 행진곡〉이 장엄하게 흘
러나왔다.

사랑도 명예도 이름도 남김없이
한 평생 나가자던 뜨거운 맹세
동지는 간데없고 깃발만 나부껴
새날이 올 때까지 흔들리지 말자
세월은 흘러가도 산천은 안다
깨어나서 외치는 뜨거운 함성
앞서서 나가니 산자여 따르라

이 노래는 1997년 5·18민주화운동이 국가기념일로 지정
된 이후 2008년까지 기념식 본행사에서 제창되었다. 하지만
2008년 대통령에 당선된 이명박이 기념식에 참석한 이후 박
근혜 재임기간인 2016년까지 불려지지 않았다. 국가보훈처 위
법·부당행위 재발방지위원회는 2018년 10월 '청와대 문건'을
통해 국가보훈처가 나서서 이 노래가 5·18 기념곡으로 지정

되는 것을 막고, 행사에서 공식으로 불려지는 것도 방해한 사실을 밝혀냈다.

문재인 대통령은 2017년 국립5·18민주묘지에서 열린 제37주년 '5·18광주민주화운동 기념식'에 참석, 9년 만에 〈임을 위한 행진곡〉을 불렀다. 그리고 이 노래는 "오월의 피와 혼이 응축된 상징이며, 5·18 민주화운동 정신 자체"라고 말했다. 이 노래를 부르는 것은 "상처받은 광주정신을 되살리는 일"이라고 해서 감동을 주었다. 또 5월 당시 아버지를 잃은 딸을 만나 위로하기도 했다.

추념문에 이르자 앞선 몇 사람이 묵념을 하고 묘지로 올라갔다. 하늘에 닿을 듯 세워진 추모탑이 낯설다. 구묘역의 아픔과 따뜻함이 정제된 느낌이다. 그래서 아쉽다.

# '학생의 날'이
# 11월 3일인 이유

11월 3일은 '학생독립운동 기념일'이다. 1929년 11월 3일 광주에서 학생들이 중심이 되어 펼친 항일운동을 기념해 지정한 날이다. 당시 광주의 학교에는 나주·장성·담양·화순 지역에서 열차를 이용해 통학하는 학생이 많았다. 기차 통학이 어려운 지역의 학생들은 학교 근처에서 하숙을 하거나 여관을 기숙사로 이용했다.

학생독립운동이 일어나기 5년 전인 1924년, 광주고등보통학교(이하 광주고보. 현 광주제일고등학교)와 일본 학생팀 야구경기에서 불공정한 판정에 항의한 조선인 학생을 퇴학시킨 일이 있었다. 1928년 6월에는 일왕을 비판한 인쇄물을 제작 배포한 혐의로 이경채 학생이 퇴학 처분을 받고 실형까지 살아 조선인 학생들은 분노에 가득 차 있었다. 이경채 사건으로 광주고보와 광주농업학교 등 광주 지역 학생들은 동맹휴교를 시작했고, 학부모와 졸업생까지 참여해 식민지 교육에 대항하는 운동으로 확대되는 상황이었다.

1929년 6월 26일, 귀가하는 통학생들이 탄 열차가 운암역을 지나고 있을 때다. 철로변에서 한국 사람들이 개를 불에 태우는 모습을 보고 일본인 학생들이 '조선인은 야만인'이라 놀렸다. 이 소리를 들은 광주고보 학생이 강하게 항의했다. 일본인 학생과 실랑이가 벌어졌고 몸싸움으로 이어졌다. 바로 '운암역 사건'이다. 이후 한일 학생들의 충돌을 우려해 교사들이 열차에 동승하기도 했다.

4개월 후인 1929년 10월 30일, 광주에서 출발한 통학열차가 나주역에 도착하자 학생들은 서로 먼저 빠져나가려고 입구로 몰려들었다. 이 과정에서 일본인 학생이 조선 여학생 이광춘의 머리를 잡아당기는 일이 발생했다. 일본인 남학생과 조선인 여학생 사이에 실랑이가 벌어지자 박준채가 일본인 학생에게 나섰다. 일본인의 "센진 주제에"라는 말에 분노가 치민 박준채와 일본 학생 사이에 충돌이 발생했고, 조선인과 일본인 학생들의 집단싸움으로 확대되었다. 이것이 '댕기머리 사건'이라 불리는 '나주역 사건'이다.

11월 3일 광주고보 교정을 출발한 학생들은 '신천지 휘날리는 우리 동포야/길이길이 기다리던 오늘이 왔구나/무등산에 단련한 기술로/용감히 적군을 물리치세'라는 노래를 부르며 광주역으로 향했다.

광주학생독립운동을 이끌었던 비밀결사조직이 '성진회'다. 1926년 11월 3일 광주고보생인 영암 출신 최규창의 부동정 (현 불로동) 하숙집에서 장재성과 왕재일(이상 광주고보), 광주농 업학교 박인생 등 15명의 학생이 모여 만들었다. 이들이 채택 한 강령은 '일제의 굴레에서 조선의 독립을 쟁취한다, 일제의 식민지 노예교육을 절대 반대한다, 언론·출판·결사의 자유 를 요구한다'는 것이었다.

1927년 무렵 성진회는 독서회로 성격을 바꾼다. 외형적으 로는 성진회의 해체였지만 외부에 노출되어 조직 유지가 어렵 게 되자 장기 투쟁을 위해 성격을 바꾼 것이다. 학교마다 '독서 를 통해 교양을 넓힐 목적으로' 독서회가 조직되었다. 1929년 6월 독서회 중앙본부를 결성하고 개인과 학교 독서회(광주고 보·광주농고·광주사범학교·광주농업학교·광주여고보 등)가 출 자해 시내에 문구점을 열어 모임과 연락 거점으로 삼았다.

광주 지역 학생운동을 지도하고 후원한 인물이 전남 완도 출신 장석천이다. 서울 보성고등보통학교를 졸업하고 수원고 등농림학교에 진학한 그는 학생운동에 참여해 무기정학을 당 하자 1926년 6월 광주로 내려와 청년운동에 참여했다. 전남청 년연맹 위원장으로 성진회와 독서회를 후원하다가 광주학생운동이 일어나자 학생투쟁지도본부를 만들어 운동을 이끌었다.

1929년 11월 3일은 일왕의 생일을 축하하는 기념일인 명치절로 많은 사람이 모이는 날이었다. 광주역에서의 충돌은 경찰과 교사에 의해 중단되었지만 가두시위가 이어졌다. 일본 순사들은 칼을 들고 시위대를 진압하며 위협했다. 독서회 지도부는 흥학관에 모여 학생들의 시위를 단순한 패싸움이 아니라 '독립투쟁, 반일운동'으로 전환할 것을 결의했다. 광주 전역에 휴교령이 선포되었다. 서울 소재 주요 학교에서도 동맹휴교에 돌입했다.

이 사건으로 학생 77명이 구속되었고 그 중 70명이 조선인이었다. 일본인 학생 7명은 곧바로 석방되었다. 휴교가 끝난 11월 12일 조선 학생들은 일제의 부당한 조치에 저항하며 조선인 학생의 석방을 요구했다. 한 달 후 서울 시내 각 중고등학교에도 격문이 뿌려졌다. 이 시위가 조선의 청년을 깨우고 독립운동으로 발전할 줄은 아무도 몰랐다. 이듬해까지 전문학교 4개교, 중등학교 136개교, 보통학교 54개교가 학생독립운동에 참여했다. 참석자 5만4000여 명, 구속 4640여 명, 무기정학 2330여 명, 퇴학 580여 명에 이르렀다. 광주학생독립운동은 '3·1운동' '6·10만세운동'과 함께 일제강점기 3대 독립운동으로 꼽힌다.

1953년 10월 20일 국회는 11월 3일을 '학생의 날'로 공식

제정했다. 그리고 이듬해 광주제일고등학교에 광주학생독립운동 기념탑이 세워졌다. 기념탑에 반민특위와 친일청산을 방해한 이승만의 친필이 새겨진 것도 아이러니한 일이다. 1970년대 유신체제가 시작되고 반정부 학생시위가 격화되자 1973년

광주제일고등학교에 세워진
광주학생독립운동 기념탑.

3월 30일 학생의 날을 폐지했다가 1985년 다시 학생의 날이 지정되었고 2006년에는 '학생독립운동 기념일'로 변경되었다. 그리고 광주학생독립운동 기념물이 전남여자고등학교, 광주자연과학고등학교, 광주교육대학교, 광주학생동립운동기념관, 전남여자고등학교 등 당시 학생독립운동에 참여했던 학교에도 세워졌다.

독립운동의 시작

# 호남 의병

광주의 중심 상권인 충장로는 한말 의병대장 김덕령의 호에서 가져온 도로 이름이다. 충장로뿐만 아니라 제봉로, 죽봉로도 의병장의 호를 딴 도로명이다. 광주에 왜 이렇게 의병장의 이름으로 명명된 도로가 많을까. 조선시대 임진란과 한말 나라가 백척간두의 위기에 처했을 때 분연히 일어선 의병들이 이곳에 있었기 때문이다.

호남의 임란의병은 성균관 학유 유팽로를 시작으로 고경명과 아들 고종후·고인후 3부자, 양대박, 안영, 김천일 등이 있었다. 다른 지역 의병은 고향을 지키는 향보의병(鄕保義兵) 성격이 강한 데 비해 호남 의병은 임금을 호위하는 근왕의병(勤王義兵) 성격이 강하다. 전라도가 아닌 경상도 지역으로 출동해 왜군을 격퇴하기도 했다. 호남 지방은 임진왜란 5년 동안 왜군에게 점령되지 않은 곳이었다.

한말의병은 초기에는 유학자 중심 척사사상이 기반이었지
만 후기로 가면서 농민, 포수, 보부상, 동학교도 등 다양한 계층
이 참여했다. 을미늑약과 단발령, 군대 해산과 고종 퇴위로 이
어지면서 근왕운동은 구국무장투쟁으로 전개되기도 했다. 일
제가 의병을 폭도로 규정하고 '남한폭도대토벌'을 전개하자 독
립운동으로 전환되었다.

호남에서 한말의병의 깃발을 처음 올린 이는 장성 출신 송
사 기우만이었다. 기참봉으로 불렸던 그는 참판 기정진의 손자
였다. 1896년 3월 광주향교에서 뜻을 모은 의병들은 각 고을
에 통문을 보냈다. 기참봉은 호남우도, 창평의 녹천 고광순은
호남좌도의 의병장을 맡아 호남창의회맹소*를 주도했다. 하지
만 고종이 선유사 신기선을 보내 설득하자 해산하고 말았다.


일본은 러일전쟁에서 승리한 후 조선의 외교권을 박탈하고
통감부를 설치했다. 이에 1905년 을사늑약 이후 유생들을 중
심으로 태인 · 창평 · 장성에서 을사5적을 척결하고 일본을 몰
아내기 위한 의병을 일으켰지만 최익현이 태인에서 패하고 체
포되어 대마도로 유배되면서 사기가 떨어지고 만다. 1907년 1
월 고광순은 장기전을 위해 지리산 피아골로 의진을 옮겼다.

1907년 9월 11일, 의병을 진압하기 위해 특별 배치된 '남
한대토벌대'에 맞서 고광순을 비롯한 20여 명의 의병들은 숨
을 죽이고 구례 연곡사 계곡을 응시했다. 주력부대가 다른 전

투를 위해 나가 있는 동안 토벌대가 급습을 한 것이다. 화승총이 불을 뿜었다. 최후의 항전을 벌인 의병들은 모두 목숨을 잃었다. 연곡사의 연기가 채 가시기도 전에 구례에 있던 매천**선생이 달려왔다. 토벌대가 들어오기 전 녹천이 격문을 써달라고 사람을 보낸 것을 매몰차게 거절했던 터라 더욱 사무쳤던 것일까. 그는 시신도 확인할 수 없는 현장에서 통곡하며 추모시를 남겼다.

> 천 봉우리 연곡은 푸른빛이 가득한데/작은 전투 충사도 국상인 것이라네/전마는 흩어져 논둑에 누웠고/까마귀떼 내려와 나무 그늘에서 나네/우리네 시문이야 무슨 보탬이 되랴/명가의 명망에는 댈 수가 없네

연곡사에는 구례 군민들이 세운 의병장 고광순 순절비가 있다. 그는 임진왜란 의병장 고경명의 12대 손이며 고종후·고인후의 11대 손이다.

한말의병에서 호남 의병이 차지하는 위치는 매우 크다. 1908년의 경우 교전 횟수의 25퍼센트, 교전 의병수의 24.7퍼

* 1907년 호남 지역에서 결성된 의병연합부대.
** 황희 정승의 후손인 황현(1855~1910)의 호. 과거에 장원했지만 벼슬을 포기하고 낙향해 은거하며 학문에 정진하다가 1910년 국치일에 절명시를 남기고 목숨을 끊었다. 《매천집》《매천야록》《동비기략》 등의 저서가 있다.

센트가 호남 의병이었다. 의병 활동이 가장 활발했던 1909년
은 각각 47.2와 60퍼센트에 이른다. 당시 광주 지역 의병부대
들은 적게는 수십 명부터 크게는 200명 내외의 규모였다. 기록
에 남아 있는 의병으로는 고광순, 기삼연, 김준·김율 형제, 전
해산, 조경환, 박처인 4형제, 김원국·김원범 형제, 양진여·양
상기 부자, 오성술, 이기손, 김동수, 박용식 등이 있다.

　　광주의 한말 의병운동 최대 격전지였던 어등산은 나지막하
다. 비산비야(非山非野)라지만 골짜기가 굽이굽이 펼쳐져 있고
주변에는 황룡강과 영산강이 흐르고 평야로 이루어져 장성·
영광·함평·나주·광주가 한눈에 들어오는 요충지다. 1908
년 4월 25일 김준 의병장은 23명의 의병과 함께 어등산 마당
바위 일원에서 3시간의 접전 끝에 순국했다. 김준의 동생 김율,
전해산 의병부대의 중군장을 맡았던 김원범, 양동환 의병부대
80여 명 중 10여 명도 어등산에서 눈을 감았다.

　　어등산 정상 석봉으로 가는 길에 김준 의병대가 머물렀다
는 토굴을 찾았다. 입구에는 누군가 꽂아 놓은 태극기와 무신
년(1908년) 2월 19일 아우 김율에게 보낸 시를 적은 표지판이
세워져 있었다.

　　국가의 위태로움이 시급하거늘/ 의기남아가 어찌 앉아서 죽기
를 기다리겠는가/온 힘을 쏟아 충성하는 것이 의에 마땅한 일

이니/백성들을 구하려는 마음일 뿐 이름을 남기려는 것은 아니라네/싸운다는 것은 곧 죽는다는 것, 웃음 짓고 지하로 가리라

의병 활동의 구체적인 흔적이나 기록을 찾기는 힘들다. 직접 사용했던 화승총이나 일기 등은 토벌대와 일제에 빼앗겼고, 시설은 자연동굴이나 산성, 사찰이나 재실 등 기존 건물을 이용했기 때문이다. 그래서 화순군 쌍봉리 '쌍산의소' 현장이 소중하다. 전라남도 화순군 이양면 중리 호남정맥 자락 계당산

화순군 쌍봉리 '쌍산의소'는 의병 활동의 흔적이 남아 있는 소중한 현장이다. 의병들의 혼을 기리는 사당 '쌍산의병사'(위)와 의병 위패(아래).

(쌍산, 쌍봉, 쌍치라 부르기도 한다) 일대는 백아산, 모후산, 두봉산으로 이어지며 전라남도 보성군 복내면과 접하고 있다. 쌍봉사에서 도로를 벗어나 농로를 지나 10여 리를 올라가야 한다.

쌍봉리는 의병장 양회일이 태어난 곳이다. 1906년 12월 양회일은 중리에 살던 임노복을 찾아가 기병을 논의하고 다음 해 음력 3월 기병했다. 임상영, 안찬재 등과 함께 능주·동복·화순 일대에서 활동했고, 이백래 의병부대와 합세해 호남창의회맹소를 이곳에 두었다. 1909년 9월까지 약 2년 반 동안, '남한대토벌작전'으로 모두 순국하기 전까지 쌍봉리는 의병의 거점이었다.

마을 근처에 무기 및 탄약을 공급하는 무기제작소와 유황저장고, 방어시설인 의병성과 막사터 흔적이 남아 있다. 이곳은 '화순 쌍산 항일의병유적'으로 사적이 되어 사당을 짓고 의병들의 위패를 모셨다. 현재 중리에는 다섯 가구 주민들이 거주하고 있다.

호남 의병의 종말은 곧 대한제국의 종말이었다. 기삼연 의병장은 1908년 1월 광주천 광주교 백사장에서 재판도 없이 잔인하게 처형되었다. 1909년 일제의 남한의병토벌작전으로 광주에서 의병 200여 명이 전사했고 대한제국도 막을 내렸다.

새로운 세상을 꿈꾸다
# 운주사와 조광조

광주와 화순을 구분하는 경계가 너릿재다. 지금은 터널로 바뀌었지만 해방 무렵에는 고개를 넘어 광주와 화순을 오갔다. 무등산 중봉을 넘거나 화순 도곡 칠곡재를 넘는 길도 있었지만 가장 널리 이용된 길은 너릿재였다. 1945년 해방정국에 화순 탄광 노동자들이 구호를 쓴 멍석을 들고 너릿재를 너머 광주로 들어왔다고 한다.

1980년 이후 광주 청년들은 희망을 찾아 너릿재를 넘어 운주사와 조광조를 자주 찾았다. 필자가 처음 운주사를 찾았을 때도 1980년대 초반 대학생 시절이었다. 논 가운데 있는 탑과 불상들, 개울과 산기슭에 누워 있는 불상들을 보면서 기존의 생각들이 무너지는 것을 느꼈다. 한 달에 한 번씩 예불을 하러 갔던 사찰이나 방학 때 찾아갔던 절집과는 달라도 너무 달랐다. 어느 곳에서도 볼 수 없는 불상과 석탑과 설화는 정형화된

틀과 제도 등 기존 질서를 넘어서려는 민중의 염원으로 해석되어 한국사회 근현대 민중운동의 상징이 되기도 했다.

운주사는 전라남도 화순군 도암면에 있는 절이다. 송광사 말사로 언제 지어졌는지 명확하지 않지만 도선국사가 창건했다고 전한다. 발굴을 통해 수습한 유물로는 늦어도 11세기 초인 고려 초기 지어진 걸로 추정한다. 《동국여지지》에 고려 혜명스님이 1000여 명의 사람들과 함께 천불천탑을 조성했다는 기록이 있다.

1940년대까지 운주사에는 석탑 30기, 석불 213기가 있었다. 이후 마을 사람들이 탑을 헐고 부서진 불상을 가져다 묘지 상석을 만들고 집을 지을 때 주춧돌이나 축대를 쌓기도 했다. 지금은 탑 17기, 불상 80여 기가 남아 있다. 등록문화재로는 9층석탑(보물 제796호), 원형다층석탑(보물 제798호), 석조불감(보물 제797호) 그리고 거북바위 위의 와불(전라남도 유형문화제 제273호)이 유명하다. 운주사의 상징인 와불의 유래는 이렇다. 도선국사가 하루 낮과 밤 사이에 천불천탑을 세워 새로운 세상을 열고자 했다. 하지만 공사가 끝나갈 무렵 일하기 싫어한 동자승이 "꼬끼오" 하고 닭소리를 내는 바람에 석수장이들이 모두 날이 샌 줄 알고 하늘로 가버렸다. 완공해서 세우려 했던 불상은 와불로 남게 되었다. 그 천불천탑과 관련해 풍수비보설, 미륵신앙설, 호국불교설 등이 전해지고 있다.

하지만 운주사의 백미는 이런 문화재들이 아니라 바위 위,

길가, 골짜기 등 절터 주변 곳곳에 기대거나 누워 있는 '못난
이' 불상들이다. 천황문도 사천황상도 문도 담도 없다. 그래서
민중불교의 상징이다. 천불산 골짜기에 탑과 불상만 있었다.
요즘은 그 모양이 갈수록 화려해진다.

　화순에는 불교만이 아니라 성리학을 기반으로 하여 당대를
이상사회로 만들려는 움직임도 있었다. 그 중심에 화순 능주로
유배 온 정암 조광조(1482~1519)가 있다. 무오사화의 칼바람
이후 사림의 영수로 추앙 받던 정암은 중종반정(中宗反正)* 후
관직에 나가 민본을 기반으로 도학정치를 현실에 구현하려 한
개혁가였다. 하지만 훈구세력**의 모함으로 70여 명의 개혁세
력과 함께 유배와 사약을 받는다. 이때 박상, 최산두, 양팽손 등
호남 사림이 크게 피해를 입었다. 선조 대에 이르러 정암이 신
원(伸寃)되자 기묘사화 때 죽은 사람들도 '기묘명현(己卯名賢)'
이라 불리며 재평가를 받았다.

　조광조의 개혁정책은 기묘사화로 무너지고 말았다. 만일
한 걸음이 아닌 반 걸음만 앞서갔다면 어떠했을까. 호남 사림
을 대표하는 가문으로 광주의 충주 박씨와 행주 기씨, 담양의
문화 유씨와 창평 고씨, 장흥의 진주 정씨, 고흥의 여산 송씨,

나주의 나주 나씨 등이 있다. 그 이념과 사상의 뿌리를 찾아가
다 보면 꼭 만나는 인물이 조광조다.

　정암이 능주에서 유배생활을 할 때 만난 사람이 역시 파직
되어 고향에 머물던 양팽손(1488~1545)이다. 자는 대춘이고
호는 학포다. 과거를 보기 전에 용인으로 정암을 찾아가 학문
을 구하기도 했던 그는 사림 세력들이 개혁정치를 추진하던 시
절 문과에 급제해 사간원에서 일하며 정암의 이상사회 건설에
참여했다. 능주로 유배된 정암은 능주목 북문에 위치한 관아
노비의 집에서 유배생활을 하며 학포와 교유하는 것이 유일한
낙이었을 것이다. 남정리 유배지에는 정암의 '절명시'가 걸려
있고, '조광조선생 적려유허비'가 서 있다. 유배생활을 했던 초
가를 복원하고 집 안에 학포와 정암이 만나는 모습을 조형물로
안치해두었다.

　임금을 어버이 같이 사랑하고 나라 걱정하기를 내집 걱정하듯
　했도다. 맑고 밝은 햇빛이 세상을 굽어보니 거짓 없는 내 마음
　을 훤하게 비춰주리.

　정암이 사약을 받고 죽자 가장 먼저 달려온 이가 양팽손
이었다. 양팽손은 큰아들과 같이 주검을 염해 쌍봉의 계곡 '서
운터'에 안치했다. 이듬해 자신의 고향에서 지척인 쌍봉사에

서 제사를 모셨고, 화순군 한천면에 죽수서원이 지어지면서 정
암은 물론 사후 학포도 함께 배향했다. 쌍봉사 맞은편 이양면
증리 서원동이 정암의 시신을 거둬 처음 매장한 곳이다. 주민
들은 이곳을 '조대감골' 혹은 '서원동'이라 부른다. 그 자리에
1905년 면암 최익현이 쓴 '정암선생 서원유지추모비'가 세워
져 있다. 마을 뒷산 너머에는 항일의병 전적지인 '쌍산의소'가
있다.

정암 조광조의 시신을 처음
매장한 자리에는 1905년 면암
최익현이 쓴 '정암선생 서원유
지추모비'가 세워져 있다.

한 사람의 소유가 되지 않도록 하라

# 소쇄원의 유훈

자연과 한몸이 되어 자신을 돌아볼 수 있는 휴양의 장소로
는 남도 누정이 최고다. 남도의 선비들은 자연을 거스르지 않
는 정자와 원림에 수양과 은둔의 공간을 마련하고 학문을 논하
고 세상을 살폈다. 때로는 불같이 일어나 외적에 항거하며 나
라를 구하기도 했다. 누정은 광주의 환벽당·풍영정·동백정,
담양의 소쇄원·식영정·면앙정, 화순의 물염정, 장성의 관수
정, 나주의 장효정 등 무등산과 영산강 일대에 많이 분포했다.
광주와 담양의 경계를 이루는 증암천에 소쇄원과 식영정, 환벽
당과 풍암정이 있다.

소쇄원을 마련한 양산보(1503~1557)는 후손들에게 이런
유훈을 남겼다.

어느 언덕이나 골짜기를 막론하고 나의 발길이 미치지 않은 곳
이 없으니, 이 동산을 남에게 팔거나 양도하지 말고 어리석은

후손에게 물려주지 말 것이며 후손 어느 한 사람의 소유가 되지 않도록 하라.

양산보의 호 소쇄옹에서 이름을 따온 소쇄원은 한국 전통 정원 중 최고의 원림이다. 유언에 따라 소쇄원은 누구에게나 열려 있고, 입장료 없이 들어가 쉴 수 있는 공간이었다. 지금은 담양군이 약간의 입장료를 징수해 문화재보호기금, 소쇄원 복원 적립금, 유지비 등으로 사용하고 있지만 여전히 자유롭게 출입할 수 있다.

양산보는 기묘사화로 화순에 내려와 있던 조광조의 죽음을 목도하고 현실정치와 거리를 두고 지실마을에 소쇄원을 조성했다. 제 모습을 갖춘 것은 아들과 손자 대에 이르러서다. 애양단이라는 담을 치고 물길을 누정 안으로 끌어들였다. 사랑방인 광풍각 뒤로는 학문에 정진하는 제월당이 있다. '비 개인 하늘의 상쾌한 달'이라는 뜻을 지닌 제월당에는 하서 김인후와 제봉 고경명, 면앙 송순의 글이 있다. 16세기 중반 호남 사림문화의 중심이었음을 알 수 있다. 그들만이 아니다. 석천 김억령, 사촌 김윤제, 송강 정철이 드나들며 학문과 사상을 이야기했다. 계곡을 지나 맞은편에는 봉황을 기다리는 대봉대가 있다. 애양단 밑을 통과한 물은 계곡을 따라 흐르지만 일부는 나무통을 통과해 대봉대 밑을 스쳐 연못에 머물다 폭포가 되어 떨어진다. 건물은 주인을 닮는다.

증암천을 사이에 두고 소쇄원과 마주한 환벽당(명승 제107호)은 소나무와 대나무 숲으로 둘러싸여 그 자체가 환벽이다. 낙향한 김윤제는 이곳에서 송강 정철을 가르쳤고, 정철은 스승의 외손녀와 결혼했다. 환벽당 앞 증암천에 김윤제와 정철이 처음 조우했다는 용소와 조대가 있다. 송순, 임억령, 김인후, 기대승, 고경명, 정철, 백광훈 등이 시문을 남겼다. 환벽당에서는 봄가을이면 작은 공연이 이루어진다. 남도소리와 춤 그리고 차를 곁들인 프로그램이다.

식영정(명승 제57호), 독수정원림(전라남도기념물 제61호), 가사문학관도 가까이 있다. 식영정 앞으로는 사라진 자미탄*을 대신해 원효계곡과 증암천으로 흘러든 물이 모이는 광주호가 만들어졌다. 농업용수로 만들어 고서, 봉산, 무정면 등 들녘을 적셨다. 요즘은 이곳에 조성된 호수생태공원이 광주 시민들에게 인기다.

양산보의 유훈이 어찌 소쇄원에 국한되겠는가. 누정은 지역과 문중과 학파를 초월한 소통공간이었다. 광주호 일대의 누정 주변에는 목백일홍(배롱나무)이 많다. 1990년대 한 담양군의원의 제안으로 심기 시작한 것이 30여 년이 지나 이 지역을

●  지금의 광주댐이 생기기 전에 무등산에서 시작되어 소쇄원, 식영정, 환벽당 사이로 흐르던 개천 이름.

상징하는 나무가 되었다. 무등산 북쪽으로 누정을 감싸고 흐른 증암천은 광주호에 머물렀다 영산강으로 흘러든다. 동쪽 사면으로 흐른 물은 화순 이서천을 따라 동복호에 머물다 남평 지석천을 지나 영산강과 만난다. 모두 무등에서 발원해 다른 길로 흐르다 영산강에서 만나 바다로 간다. 어느 개인이 감히 소유할 수 없는 남도의 귀한 자연이다.

광주공동체의 뿌리

# 광주향약과 양과동동약

포충사를 갈 때도, 칠석동 고싸움 마을을 갈 때도 이곳을
지나쳤다. 도로 옆 마을로 들어가는 언덕의 정자를 보고 참 좋
은 곳에 자리를 잡았다 생각했다. 그뿐, 다가갈 생각을 하지 못
했다. 그곳이 고을과 마을의 크고 작은 일을 의논하고 시문을
나누며 국가의 안위를 걱정하던 곳이었다는 사실을 알고선 한
걸음에 달려갔다. 광주향약이 시작된 곳, 지금도 전통이 이어
지고 있는 양과동이다.

양과동은 광주 남구에 있는 마을이다. 칠석동과 가깝고 포
충사와 지척이다. 광주 시내로 들어가는 길보다 나주 남평으로
가는 길이 더 가까운, 비옥한 땅을 가진 농촌마을이다. 마을로
들어가는 언덕 위에 정면 3칸 측면 2칸 맞배지붕으로 지은 '양
과동정'이라는 현판이 붙은 누정이 있다. 양과동은 광주 남구
대촌동(북구에도 대촌동이 있다)에 속한다. 남구 대촌동은 양과동

외에 칠석동, 원산동, 압촌동을 포함한다. 압촌동은 의병장 고경명이 태어난 마을로, 그가 양과동정을 별서처럼 이용했다고 한다. '양과'라는 지명은 《세종실록지리지》 '무진군' 조에 '예전에 속한 부곡이 둘이니 양과와 경지다'라는 기록이 있다. 양과동정에 걸린 편액 '양과동적입의서'(1604)에도 기록되어 있다. 고려시대에 이미 마을을 이루었던 것으로 보인다.

그렇다면 어떤 연유로 양과동에서 광주향약이 출발했던 것일까. 그 열쇠는 인근 칠석동 부용정에서 찾을 수 있다. 부용정은 전라수군절제사를 지낸 칠석동 출신 김문발이 고향에 내려와 지은 정자로, 김문발은 이곳에서 여씨향약*과 백록동규**를 따라 풍속 교화에 힘썼다. 이것이 광주향약의 유래가 되었다.

향약이란 '향촌규약'을 말한다. 향촌***에서 양반들이 국가이념인 유학을 보급하며 자치활동을 보장받고, 하층민을 통제하며 경제활동을 유지하기 위한 규율이다. 여러 마을을 아우르는 고을에서는 향약, 거주 동리를 기준으로 하는 마을에서는 동약이라 했다. 1517년(중종 12년) 함양 유생 김인범이 여씨향약으로 풍속을 바꾸자 건의하고, 이듬해 김안국이 《여씨향약언

---

●    중국 북송대 향촌 교화와 선도를 위해 만든 자치규약.

●●    주자가 제자를 양성할 때 만든 규약.

●●●  국가 제도와 별개로 양반들이 중심이 되어 향약 등의 규칙을 만들어 운영했던 마을공동체.

해》를 간행해 소개하면서 널리 알려졌다. 조광조를 중심으로 향촌사회 자치를 주장했던 향약은 조정에서 통치 수단으로 활용되다가 기묘사화로 향약을 주창한 세력들이 참수당하면서 폐지되었다.

국가보다 먼저 시작된 광주향약은 이후 양과동 출신 필문 이선제(1390~1453)가 계승하여 발전시켰다. 그 내용이 '향규'라는 이름으로 《수암지(秀巖誌)》에 기록되어 있다.* 이 광주향약이 '양과동동약'으로 계승발전된 것이다. 양과동 사람들은 미간지를 개간하여 농사를 짓고 동약을 조직하여 마을을 이루었다.

이선제에 관한 자료를 찾다가 흥미로운 기사를 발견했다. 1998년 일본으로 불법 반출되었던 '분청사기 이선제 묘지'가 2017년 일본인 소장자의 기증으로 국립중앙박물관으로 돌아왔다는 내용이다. 이선제는 세종 때 집현전에서 일했고, 현으로 강등된 광주를 목으로 승격시켰다. 이를 기념해 1451년 수령으로 부임한 안철석은 광주읍성 내에 관아 누각을 짓고 '함께 기뻐하고 축하한다'는 뜻의 '희경루'라 이름 붙였다. 희경루는 1533년 소실돼 이듬해 다시 지었으며, 1866년 중수된 이후 망실된 것으로 알려져 있다. 광주광역시는 보물 제1897호 〈희경루방화도〉에 그려진 건물 모습을 근거로 광주공원 안 어

---

● 이규하가 전라남도 강진군에 있는 수암서원의 내력과 배향인물 및 행적을 모아 엮은 책. 양과동에서 향약을 실시한 필문 이선제의 행적이 기록되어 있다.

린이 놀이터 근처에 복원할 계획이다.

양과동정의 현판은 우암 송시열(1607~1689)이 썼다. 17세기 문신이자 성리학자이며 서인의 영수인 송시열은 개혁정치의 상징이던 대동법에 결사반대했다. 땅을 많이 가진 양반 대농의 의견이었다. 대동법은 1608년 경기도에서 시작되었고, 경상·전라·충청 등 하삼도에는 송시열 사후에 정착했다.

양과동정으로 오르는 계단 입구에 세워진 안내판에는 양과동정을 '간원대(諫院臺)'라고 소개하고 있다. 정자에 걸린 최형한의 '제간원대(題諫院臺)'를 보면 '간원대라는 것은 지금의 양과동정인데, 예부터 사간원의 신하들이 이 마을에서 많이 나와

광주향약이 시작된 마을인 양과동 입구 언덕 위에는 '양과동정'이라는 현판이 붙은 누정이 있다.

임금께 글을 올릴 일이 있으면 이 정자에 모여 상소를 하였기에 이칭이 생겼다'고 설명하고 있다.

이곳은 광주향약의 시행처이기도 하다. '양과동적입의서'와 '양과동정중수기' 등에서 확인할 수 있다. 특히 1604년에 쓴 '양과동적입의서'는 동적 서문으로 '양과동동약은 여씨향약을 계승하고자 동적을 만들었는데 난리(임진왜란)로 소실되어 다시 만들었다'고 적고 있다. 동적 초안을 누가 만들었는지에 대한 기록은 없지만 마을에 살던 경주 최씨, 함양 박씨, 광산 이씨, 문화 유씨, 음성 박씨 등 여러 성씨들이 만들었을 것으로 추정한다.

양과동동약과 관련해서는 〈동계좌목〉 〈동답기〉 〈완의〉 〈동향약〉 〈양과정중수기〉 〈양과정현판시문〉 등의 문서가 있다. 모두 광주광역시 문화재로 지정되어 있다.

광주정신의 상징
# 김대중컨벤션센터

광주와 전남 지역에는 '김대중(DJ)'이라는 전 대통령의 이름이 붙은 광장, 공원, 다리, 건물들이 있다. 전남도청 앞은 김대중광장이라 부른다. 광주시청 앞은 논란 끝에 평화광장으로 명명했지만 DJ를 상징하는 인동초 1만여 그루를 심어 '인동초공원'을 조성했다. 압해도로 들어가는 다리는 '김대중대교'라 불리다 압해대교로 바뀌었다. 목포 삼학도에는 2013년 문을 연 '김대중노벨평화상기념관'이 있고, 광주에는 2005년 지어진 '김대중컨벤션센터'가 운영 중이다. 목포가 학창시절을 보내고 사업을 하며 정치적 꿈을 일궜던 젊은 김대중의 터전이라면, 광주는 그를 후원하고 지지하는 서포터스였다. 그 인연을 단단히 묶어준 것은 신군부가 조작한 '광주사태의 배후 조정자이며 수괴'라는 시나리오, 즉 광주민주화운동이었다.

상무대는 1980년 5·18 당시 계엄군이 주둔하며 진압작전

을 펼쳤던 곳이며, 군법을 어긴 군인을 수용하던 상무대 영창
은 많은 민주인사들이 투옥되어 고문을 당했던 곳이다. 1994
년 상무대를 전라남도 장성군 삼서면으로 옮기고 그 자리에는
5·18기념재단과 5·18기념공원을 조성, 5·18사적지 제17호
인 '옛 상무대 영창'을 재현했다.

　이후 옛 상무대 일대가 신도시로 개발되면서 상무지구라
는 이름을 갖게 되었고, 광주광역시의 새로운 행정·업무·문화
중심지로 부상했다. 이곳에 광주의 마이스(MICE) 산업을 이끌
어갈 컨벤션센터를 짓기로 하고, '광주전시컨벤션센터'의 영문
첫자를 딴 젝스코(GEXICO)로 사업명을 잡았다. 상업성보다는
공익성이 강한 사회간접시설을 목표로 건립되던 젝스코가 준
공을 앞두고 김대중컨벤션센터로 명칭을 바꾸자는 논란에 휩
싸였다. 행정지명을 붙인 부산 벡스코나 대구 엑스코와 차별화
해 노벨평화상을 탄 대통령의 이름을 붙이면 인지도를 높일 수
있다는 주장이었다. 전시와 국제회의의 장이 개인 기념관으로
인식될 수 있다는 우려도 나왔고, 찬반 의견이 팽팽했다. 결국
시민들의 여론조사를 거쳐 이름을 바꾸었고, 건물 1층에 김대
중홀을 마련했다. 9개의 공간으로 구성된 김대중홀에서는 김
대중 전 대통령의 인생 역정을 만날 수 있다.


　DJ는 1924년 전라남도 신안군 하의면 후광리에서 태어났
고, 목포에서 자라 서울에서 정치활동을 했다. 1963년 목포에

서 민주당 소속으로 제6대 국회의원에 당선되었고, 1970년 신
민당 대통령 후보로 김영삼을 꺾고 지명되었다. 1987년 단일
화 실패와 낙선으로 정계은퇴를 선언했다가 1997년 다시 대
통령 선거에 나서 당선되었다. 그가 정치나 인생 역정에서 광
주를 지역적 기반으로 삼았던 적은 없다. 그럼에도 그의 정치
적 고향을 광주라고 생각하는 사람이 많다. 1970년대 이후 '지
역'이 한국정치의 중요한 변수가 되면서 전라도는 야권을 대변
하는 지역이 되고, 전라도의 중심인 광주는 자연스럽게 DJ의
정치적 고향이 되었다. 특히 1980년 광주항쟁의 배후로 DJ가
사형선고를 받은 후 대통령이 되기까지의 과정은 대한민국의
현대사이자 광주의 지역사였다. 2000년 노벨평화상을 수상한
그는 2004년 1월 29일 전두환의 김대중 내란음모 조작사건
재심에서 무죄를 선고받았다.

선거철이 다가오면 여야를 막론하고 즐겨 김대중을 호명하
며 그와의 인연을 강조한다. 국민들이 역대 대통령 중 가장 존
경하는 인물이라는 이유 때문이다. 이와 함께 바빠지는 지역이
광주다. 선거에 나서기 전에 결의를 다지기 위해, 출마를 선언
하기 위해, 당선인사를 하기 위해, 떨어지면 절치부심 새로운
각오를 하기 위해 광주를 찾는다. 정확한 장소를 말하자면 '국
립5·18민주묘지'다. 이렇게 김대중과 광주는 함께 호명된다.
DJ라는 인물과 광주라는 도시는 민주화와 인권 투쟁이라는 공

통분모로 광주정신을 이어가는 것이다.

김대중 대통령은 가수 서태지의 찐팬이었다. 〈발해를 꿈꾸며〉라는 노래에 감동한 DJ는 1997년 펴낸 자서전에 '발해를 꿈꾸는 아이들'이라는 제목으로 서태지에게 보내는 공개편지를 쓰기도 했다. 젊은 세대를 가장 잘 이해한 대통령이 아니었을까 싶다.

제2부

# 도시의 역사,
# 역사의 도시

광주인은 어디에서 살았을까?

# 영산강과 광주천

### 영산강에 기댄 선사시대 사람들

선사시대 광주 사람들은 어디에서 살았을까. 광주읍성이 있는 충장로에서 살았을까, 무진고성이 있었다는 무등산에 살았을까. 그 열쇠는 선사인들의 생활상에서 찾아야 할 것 같다. 유목 생활에서 정착 생활로 삶의 방식이 바뀌려면 의식주가 해결되는 곳이어야 한다. 지금의 광주에서 이런 생활에 가장 적절한 곳은 어딜까. 1992년 국도 1호선 확장 공사를 하던 중 신창동에서 그 열쇠들이 쏟아져 나왔다.

신창동은 영산강이 흐르는 하천변 저습지다. 유적이 발견된 곳은 광주와 장성을 잇는 1번 국도 주변으로 무기류, 농공구, 용기류, 생활용품, 방직구, 수레 부속구, 악기류와 다양한 목기 및 칠기, 토기, 각종 동식물 유체 등이 출토되었다. 비단, 현악기, 북, 수레바퀴, 발화구 등은 당시 우리나라에서 처음 발굴된 것이었다. 주변에서 논과 밭, 주거지와 환호(環濠)*, 옹관

묘 등이 함께 확인되어 선사시대 생활상을 살펴볼 수 있었다. 사람들은 그곳에서 쌀, 보리, 콩, 조, 기장 등 오곡 농사를 지었다. 밀, 호밀, 도토리, 복숭아, 살구, 오이, 참외, 들깨, 머루, 다래 등 곡물과 과일도 재배했다. 누에를 쳐서 옷을 짓고 그물을 만들어 영산강에서 물고기를 잡아 생활했다. 우리나라 최초로 발견된 복합 농경 유적으로 기원전 1세기의 생활상을 엿볼 수 있는 귀중한 자료였다.

이들이 현재 광주 사람들의 조상이라고 말할 수는 없지만 지금의 광주라는 공간에서 공동체를 이루어 살았던 최초의 인류라는 사실은 분명하다. 유적이 발굴된 곳은 영산강의 지류로 광주 북서쪽을 가로지르는 극락강변 나지막한 구릉이다. 갯벌처럼 강물이 범람하면서 토사가 위에 쌓여 목재 유물의 산화와 부패를 막아주었기에 오롯이 원형을 확인할 수 있었다. 영산강이 만들어낸 충적평야를 기반으로 농사용 도구를 만들어 의식주를 해결하며 촌락을 이루어 생활한 것이다. 발굴된 유적 중에는 식생활에 필요한 식기류, 불을 피웠던 발화구, 신발을 만드는 도구, 부채, 빗, 쐐기, 각종 끈, 방직도구 등이 있었다. 용기는 옻나무 등 천연 도료를 이용해 오래 사용할 수 있도록 만들었다. 신창동 유물 빅3으로 꼽히는 것은 벗나무로 만들어진

● 청동기시대 이후 등장한 방어시설. 중요 시설이나 마을을 보호하기 위해 둘레를 동그랗게 팠다.

현악기, 베를 짤 때 날줄에 씨줄을 넣는 베틀 부속구인 바디와 가락바퀴와 실감개, 권위의 상징이자 물자의 교역 및 교통체계를 엿볼 수 있는 수레 부속구 등이다.

이보다 훨씬 전인 1962년에는 신창동 유적지에서 북쪽으로 1.5킬로미터 떨어진 월계동에서 장고분이 발견되었다. 기원전 1~2세기의 늪과 못 터, 토기 가마터, 배수시설, 집자리, 독무덤 등에서 무문토기, 점토띠토기 등 토기류, 청동제 칼자루 장식, 돌도끼, 돌화살촉, 땅 파는 도구로 추정되는 철제편 등이 출토되었다. 강이 범람해 만들어진 못과 늪에는 괭이, 나무 뚜껑, 굽자리 접시, 검은 간토기 등 목재류, 토기류, 칠기류, 석기류, 탄화미, 탄화맥, 볍씨, 살구씨, 호두씨, 오이씨 등 씨앗류, 민물조개류, 물고기 뼈, 짐승 뼈 등이 있었다. 주민들은 이곳을 장구촌이라 불렀다. 고분의 모양이 꼭 장구를 닮았다.

마을과 고분이 발견된 언덕 사이로 영산강이 흐르고 있었다. 고분은 오래 전 도굴된 흔적이 있고 주변을 농지로 이용하면서 원형이 훼손되기도 했다. 한국전쟁 때는 반공호로도 사용했다고 한다. 세월 따라 아파트와 상가에 둘러싸여 도심 속 섬이 되어버렸지만 모두 농경지였다. 비슷한 시기에 광산구 명화동에서도 고분이 발견되었다. 소규모 세력들이 자리를 잡은 5~6세기 것으로 추정된다.

민주인사들이 투옥되어 고문
을 당했던 상무대 자리에는
5·18기념공원이 조성되었다.

조선시대 작은 고을이었던 광주는 해방 후 성장을 거듭해 남도의 중심이 되었다. 사진은 무등산에서 바라본 광주 시가지 모습.

선사시대 광주 지역 사람들은 영산
강이 만들어낸 충적평야에서 촌락을
이루어 생활했다. 지금도 영산강은
광주 땅에 생명을 주는 존재다.

정형화되지 않은 운주사의 불상과 석탑과 설화는 기존 질서를 넘어서려는 민중의 염원으로 해석되어
한국사회 근현대 민중운동의 상징이 되었다.

양산보는 기묘사화로 화순에 내려와 있던 조광조의 죽음을 목도하고 현실정치와 거리를 두고 지실마을에 소쇄원을 조성했다.

2020년, 5·18민주화운동 제40주년을 기념해 금남로에서 열린 오월시민행진.

시민들은 5·18 희생자의 인형 탈을 쓰고 금남로를 걷는 퍼포먼스를 진행했다.

우암 송시열이 쓴 양과동정 현판(위)과 동적 서문을 기록해놓은 '양과동적입의서'(아래).

누정은 조선시대의 인문공간이다. 환벽당은 충장공 김덕령의 사촌 김윤제가 집 뒤에 지은 정자로, 현판은 우암 송시열의 글씨다.

광주송정역이 KTX 환승역으로 바뀌면서 광주의 나들목은 다시 송정리로 바뀌었다.

## 광주천에 기댄 근현대인들

광주 지역 선사시대의 중심이 신창동·월계동·명화동 등 영산강을 따라 형성되었다면 중세와 근현대 광주 사람들의 터전은 광주천에서 찾을 수 있다. 광주천은 무등산 장불재 아래 샘골에서 발원하여 광주 중심을 관통해 영산강으로 흘러든다. 옛날에는 하천 폭이 지금보다 4~5배 넓고 지표면은 모래와 자갈이었다. 금동·불로동·양림동·사구동·양동에 이르기까지 팽나무, 미루나무, 버드나무 등이 숲을 이루었고 그 사이로 물길이 구불구불 자연스럽게 흘렀다.

'광주천'이라는 이름은 일제강점기에 등장한 것으로, 조선시대에는 조탄강(棗灘江) 혹은 건천(乾川)이라 했다. 상류는 금계(金溪), 불로동 일대는 조탄강, 하류는 대강(大江), 한강(漢江)이라 나눠 부르기도 했다. 무등산 원효사 계곡을 따라 원지교까지 빠르게 내려온 물은 방림동에 이르러 물길이 굽어지고 경사가 완만해 자주 범람했다. 이 수해를 막기 위해 나무를 심고 숲을 조성한 곳이 양림·홍림·유림 등이다. 모두 광주천 변에 위치한 마을이며 제방 위에 나무를 심어 홍수로 인한 범람과 유실을 막았다. 그렇게 조성한 숲이 좋아 '광주 원님은 어디를 가든 입만 열면 유림 숲 자랑'이라는 말이 생겨났다. '1872년 광주지도'에 북문 일대 유림 숲이 그려져 있다. 지금의 누문동 광주일고 정문에서 임동 일신방직 앞을 거쳐 서방천에 이르

는 지역이다. 유림 숲은 수해를 막아줄 뿐만 아니라 광주읍성
의 수구막이 역할도 했다.

　일제강점기 광주천의 폭은 아주 넓었다. 천변은 장터로 이
용되고 때로 가설극장이 들어와 자리를 잡기도 했다. 정월이면
줄다리기, 연날리기, 씨름판도 벌어졌다. 옛 적십자병원(서남병
원) 앞 조참보, 양동시장 앞 용천보, 광천동 처암바위 등이 물놀
이터와 썰매장으로 유명했다. 어머니들의 빨래터이기도 했다.
줄다리기를 할 때는 남문밖(지금의 남동, 금동, 양림동, 사구동)과
북문밖(누문동, 북동, 유동, 양동)이 편을 나누어 진행했다. 걸궁,
씨름, 그네뛰기 등이 함께 어우러진 난장이 천변에서 이루어졌
다. 유지들은 물길을 따라 정자를 짓고 풍류를 즐겼다. 남구 이
장동 황산마을의 양과정(양과동정), 경양방죽의 경양모정, 양림
동 부자 정낙교가 기증한 양파정 등의 정자가 있다. 광주천에
흐르는 물은 농업용수와 공업용수로 요긴했다. '가네보'라 알
려진 종연방직 제사공장이 학동의 원지교 일대에 있었다. 실크
의 원사를 생산하는 공장이라 반드시 맑은 물이 필요했다. 가
네보 외에 도시, 와까바야시 등의 공장들도 광주천 물을 끌어
다 공장을 돌렸다.

　3·1운동과 항일운동도 사람이 많이 모이는 이곳에서 벌어
졌고, 의병장 기삼연의 공개처형도 이곳에서 행해졌다. 광주천
은 조선 백성에게는 저항의 공간이었고, 일제에게는 식민을 강

요하는 전시공간이었다.

　일제강점기 광주천 직강화 사업을 추진하면서 곡천은 사라
졌다. 1968년 유동과 임동 일대의 유림 숲도 벌목되었다. 용봉
천 · 서방천 · 동계천 등 광주천의 지천들은 복개되어 하수구로

근현대 광주 사람들은 광주
천에 기대어 살았다. 광주천
에 흐르는 물은 농업용수와
공업용수로 요긴했고, 천변
은 시민들이 함께 어우러지
는 화합의 공간이었다.

전락했다. 이제 옛 모습은 고사하고 그곳에 하천이 있어 물이 흘렀다는 것을 상상하기도 어렵다. 이후 광주천 오염으로 악취가 심해지자 광주광역시는 주암호의 물을 끌어들여 펌핑수로 수량과 수질을 개선하고 있다. 광주천의 자연환경 복원사업이 추진된 것은 1999년부터다. 하천 제방의 시멘트를 자연 재료로 바꾸고, 꽃창포와 부들 등 수생식물을 심고, 동식물 서식처인 하중도*를 마련하고, 양안 둔치를 포장해 자전거길과 산책길로 조성했다. 친수공간이라는 명분으로 징검다리, 가로등, 갤러리 등 과도한 인공시설물이 만들어졌다는 비난도 있지만 새매, 말똥가리, 쇠오리, 오목눈이, 너구리, 고라니, 도롱뇽, 무자치, 피라미, 버들치, 붕어 등이 자리를 잡았으니 복원 효과를 거둔 셈이다. 지속가능한 해법을 찾는 일이 숙제로 남아 있다.

광주천의 본래 기능은 비가 많이 오면 마을로의 범람을 막는 일이다. 따라서 천변을 가꾸는 일보다는 자연생태를 되살리고 자생식물이 자랄 수 있도록 습지를 살리는 것이 중요하다. 일부 복개된 구간도 복원을 검토할 필요가 있다. 현세대뿐만 아니라 미래의 광주인도 기대야 할 자연이기 때문이다.

●   퇴적층이 쌓여 하천 가운데에 만들어진 섬.

남도의 중심이 되다

# 도시 광주의 성장사

조선 팔도 시절 광주는 작은 고을이었다. 1896년(고종 33년) 전라도가 전라남도와 전라북도로 분리된 후 광주는 도청소재지로서 전라남도 중심이 되었다. 지금 빛고을이라 불리는 광주의 옛 이름은 노지(奴只), 무진(武珍), 무주(武州) 등이었다. 백제 때는 무진군, 무진주라 했고 통일신라 때는 무진도독, 무주도독이라 했다. 당시 무주는 지금의 광주뿐만 아니라 전라남도를 아우른다. 견훤이 후백제를 세우고 도읍을 무주에 두었다가 전주로 옮겼다. 무진이라는 이름은 백제를 장악한 신라가 통치를 위해 667년(문무왕 17년) 웅천주·완산주·무진주의 3개 주를 설치한 것에서 비롯되었다. 《고려사지리지》에는 무주를 광주로 바꾼 것은 940년(태조 23년)의 일이라 나온다. 고려 건국에 공이 많은 나주가 목으로 승격하고 광주는 나주목의 지휘를 받았다. 그러니까 조선시대에 광주군은 없었다. 목급 고을일 때는 광주목, 군급 고을일 때는 광산군과 무진군이라 칭했다.

을미개혁(1895) 이후 지방 행정구역이 8도에서 23부로, 이 듬해에는 1목(제주목)＊ 33개 군 체제(1897년 5월 여수군 신설 포함)로 바뀌었다. 1896년 13도 체제로 개편되면서 광주는 전남 관찰부(도청)의 소재지가 되었다. 이 무렵 광주 시가지는 읍성을 중심으로 형성되었다.

고려의 문인 이집은 자신의 시에 '광주는 남쪽 나라의 웅장한 번진'이라 했고, 조선의 문신 성현은 기문에 '광산은 모이는 곳에 연유하여 큰 읍내가 되었으므로 인물과 물자의 풍부함이 나주와 전주에 맞선다'고 했다. 조선의 문신 신숙주도 기문에 '광산은 전라도의 거읍이며 도의 요충지로 여객이 벌 모이듯 모이는 곳'이라 했다. '빛고을'이라는 이름은 고려의 선비 목은 이색이《석서정기》에 쓴 '광지주(光之州)'를 풀어낸 것이다.

15세기 편찬한《세종실록지리지》에는 광주의 농토가 1만 결이고 인구는 4000명이라 했다. 당시 전라도의 중심이었던 나주는 농토가 1만5000결에 인구 5만 명이었다. 18세기 편찬한《여지도서》나《호구총서》는 광주의 인구를 3만 명이라고 했다. 나주에는 미치지 못했지만 광주에 인구가 모여들기 시작한 것을 알 수 있다. 이곳이 1914년 광주군 광주면이 되었다.

《오디세이 광주 120년》(광주광역시립민속박물관)에는 시내 중심부에 관아가 있고 일자리가 많았으며 아전, 군교, 노비, 기생, 상인, 수공업자, 건축업자 그리고 정육업자 등이 모여 있었다고 했다. 이때 읍내는 지금의 전남대병원에서 충장로 4가에 이르는 곳으로, 광주천과 동계천 사이쯤이다. 광주읍성 자리다. 대한제국 시기에 이르러 광주면에 전라남도 주요 행정기관과 금융·상업·교육 시설들이 들어섰다. 광주면은 1917년 지정면이 되고, 1931년 광주읍이 되었다. 그리고 1935년 서방면·지한면·효천면·극락면 등을 읍에 포함시켜 광주부로 바뀌었다. 광주부가 되었다는 것은 광주군과 별개의 행정체제를 갖췄다는 의미다. 기존의 광주군은 광주부와 명칭 및 발음이 혼동될 수 있어 광산군**으로 바꾸었다.

일제강점기 개항과 함께 급성장했던 목포부가 있었지만 1940년대 초반 나주에서 광주로 행정 중심을 옮기고 확장된 광주부의 부세가 더 커졌다. 해방 후 1949년 광주시, 1986년 직할시가 되었고, 1988년에는 전라남도에 속하던 광산군이 광주직할시에 편입되었다. 1995년 광역시로 바뀌면서 전라남도와 행정이 분리되어 오늘의 광주가 완성되었다.

전남도청이 무안으로 옮기기 전까지 광주의 실질적 중심은 금남로 '도청 앞 광장'이었고 도청이 상징적 건물이었다. 전남도청이 처음부터 광산동에 있었던 것은 아니다. 1896년 전라

● 제주목이 제주도로 바뀐 것은 1906년이다.
●● 1988년 광주직할시에 편입된 전라남도 광산군(현 광산구 일원)과 다른 곳이다.

남도의 관찰부 위치는 광주목 시절 광주군이 사용하던 건물로 전일빌딩과 동부경찰서 부근이었다. 옛 도청 자리로 옮긴 것은 1910년이다. 지금 보전되고 있는 건물은 1930년 2층 벽돌로 지어 1970년대 증축한 것으로, 국립아시아문화전당으로 바뀌었다. 이 공간을 거점으로 금남로가 만들어지고 법원, 헌병대 등 권력기관들이 자리 잡았다. 민주광장이라 부르는 '도청 앞'에서는 기념식, 규탄대회, 퍼레이드, 선거유세 등이 이루어졌다.

전남의 농어촌 사람들이 광주로 모여들면서 인구는 크게 증가했지만 먹고살 일자리가 문제였다. 광주와 전남은 조선조에는 토지가 비옥하여 면적당 생산량이 최고였고 조세도 많이 납부했던 지역이다. 일제강점기와 해방 후 면화와 양잠을 원료로 하는 방직·제사업이 발달했던 것도 이런 토질의 영향이었다. 하지만 농자천하지대본은 산업사회로 접어들면서 힘을 잃기 시작했고 1960년대 서구 광천동 일대에 기계·금속·섬유·화학 공업을 중심으로 하는 광주공업단지를 조성했다. 1961년에는 자동차 국산화 계획에 따라 아시아자동차 공장 건설이 시작되었다. 소비도시에서 생산도시로 전환하기 위한 노력은 송암공단(1975)과 본촌공단(1983)으로 이어졌다. 송암공단은 도심에 산재한 29개 연탄공장을 모아 대단위 공장을 설립하면서 시작되었다. 본촌공단에는 식품·조립금속·섬유·목재·화학 등 100여 개 업체가 입주했다. 이후 소촌농공단지(1983),

하남공단(1차단지 1983, 2차단지 1989, 3차단지 1991), 평동공단
(1995)이 조성되었다. 21세기에 들어서는 도시첨단산업단지,
에너지밸리 일반산단, 빛고을산단 등이 조성되고 있다.

　　광주천과 동계천 사이 광주읍성 정도였던 광주는 영산강과
극락강 인근까지 확대되었다. 광산군이 광주시로 편입된 후 상
무대는 장성군으로 이전하고 그 자리에 상무신도심이 조성되
었다. 계림동에 있던 광주시청이 상무신도심으로 이전함에 따
라 광주지방법원, 광주교육청, 광주경찰청 등 많은 관공서가
함께 옮겨가고 오피스텔과 대규모 아파트 및 상업서비스 지구
가 조성되었다. 전라남도청을 비롯한 공공기관은 무안군에 조

소비자들이 신도심으로 몰려
가면서 광주의 중심이었던
금남로 일대는 상권이 쇠퇴
했다.

성된 남악신도심으로 이전했다.

　그 결과 광주의 중심이었던 충장로, 금남로 일대는 공동화 현상이 발생하고 상권도 쇠퇴했다. 도청 앞 광장을 복원하며 동명동과 계림동 등 재생사업을 추진하고 있지만 소비자들이 신도심으로 몰려감에 따라 구도심 재건은 과제로 남았다.

길 위의 인문학
# 조선시대 누정

　요즘 대학에서는 인문학이 '찬밥'이지만 대학 밖에서는 '인문학 열풍'이다. 여행은 물론 기업, 행정, 마을, 도시 등 다양한 영역에서 다양한 주제로 강좌와 답사가 이루어지고 있다. 공공기관들은 '길 위의 인문학'을 테마로 한 프로그램을 지원하고 나섰다.

　조선시대에도 유사한 인문공간이 있었다. 바로 '누정'이다. 누정은 누각과 정자의 준말이다. 광주와 전남의 누정은 어림잡아도 600개가 넘는다. 사라진 것까지 셈하면 2500여 곳이라고 하니 그 숫자에 놀랄 뿐이다. 조선시대 문인이라면 누정 하나쯤 가지고 있었던 모양이다. 스스로 공부하기 위해, 후학 강학소로, 왕이 권하여, 후학들이 스승을 위해 등등 누정이 세워진 연유도 다양하다. 이곳에 시인묵객들이 모여들어 시문이 형성되고 시간이 흘러 시단이 만들어지기도 한다. 누정은 요즘으로 이야기하자면 서재이자 학교이며, 카페이자 커뮤니티센터였다. 그야말로 복합문화공간이었다.

    1950년대 이전 건립된 광주의 누정(지역문화교류재단의 누정지도 참조)은 북구에 풍암정·취가정·환벽당 등 13개로 가장 많고, 광산구에 풍영정·호은정·호가정 등 11개, 남구에 부용정·양과동정 등 6개, 서구에 만귀정·습향각 등 2개, 동구에 희경루가 있다. 현존하지 않는 희경루를 제외하면 32개에 이른다. 북구는 무등산 자락과 영산강 및 증심천 자락에 많고 광산구는 용전들·서창들·남평들 등의 평야와 영산강변에 많이 분포해 있다. 이 중 당대에 문인들의 교류가 활발했던 곳으로 부용정·삼괴정·읍취정·풍암정·풍영정·호가정·환벽당을 꼽는다. 담양 소쇄원의 광풍각이나 제월당도 누정의 기능을 했다.

    지봉 이수광(1510~1618)은 《지봉유설》에서 '시문학은 호남 출신이 조선을 대표한다'며 눌재 박상, 석천 임억령, 금호 임형수, 하서 김인후, 송천 양응정, 사암 박순, 고죽 최경창, 옥봉 백광훈, 백호 임제, 제봉 고경명 등을 꼽았다. 또 허균은 《성소부부고》에서 육봉 박우, 신재 최산두, 유성춘 유희춘 형제, 학포 양팽손, 송재 나세찬, 송순, 국재 오겸, 일재 이황, 고봉 기대승을 열거했다. 모두 15~16세기 조선을 대표하는 호남 지역 문인들이며, 누정을 매개로 시문을 교류하던 사람들이다.

대표적인 누정 몇 개를 살펴보자. 먼저 충장공의 사촌 김윤제(1501~1572)가 집 뒤에 지은 환벽당이다. 이름처럼 푸른 숲이 누정을 아우르고 동쪽으로는 냇물이 흐른다. 김윤제는 충효마을에서 태어나 중종 때 과거에 급제한 후 나주목사로 있다가 을사사화가 일어나자 낙향했다. 증암천 건너편 지실마을에 살던 송강 정철(1536~1593)이 환벽당을 자주 오갔으며, 당대 최고의 학자들과 교류하며 학문을 익혔다. 우암 송시열이 이곳에 들러 남긴 '환벽당'이라는 글씨가 현판에 새겨 걸려 있다.

환벽당 옆에 있는 취가정은 충장공을 기리기 위해 후손과 문족들이 1890년(고종27년) 지었다가 한국전쟁으로 불탄 후 1955년 중건했다. 당호는 충장공과 동시대를 살았던 석주 권필(1569~1612)의 시에서 비롯된 것이다. 석주의 꿈에 충장공이 술에 취해 나타나 억울함을 호소하는 시를 읊자 이에 화답하는 시를 썼다고 한다. 석주와 충장공의 시문이 걸려 있는 이곳에서는 종종 작은 음악회가 열리기도 한다.

풍영정은 극락강변 송정리역에서 광주역으로 이어지는 철교 옆에 있는 광산구 신창동의 조선시대 건축물이다. 승문원 판교를 지낸 김언거(1503~1584)가 낙향해 지은 정자다. 풍영정 옆 도화동에서 태어난 김언거는 이곳에서 김인후, 이황 등과 교류했다. 누정에는 하서 김인후, 고봉 기대승, 미암 유희춘, 석천 임억령, 계곡 장유 등 당대 내로라하는 문인들이 쓴 60여 개의 현판이 걸려 있다. 1899년《광주읍지》를 보면 칠천(漆川) 옆에 풍영정이 보인다. 칠천은 극락강과 만나 서창에서 황룡강과 합해져 나주로 흐른다.

풍영정 앞 극락강은 일제강점기 최고의 물놀이 장소였다. 광주와 송정리 철도가 1922년 개통된 후 이용하는 승객이 적자 마케팅 차원에서 풍영정 아래 해수욕장을 개장했다. 물도 깨끗했고 하얀 모래밭이 펼쳐져 있었다. 풍영정 일대는 해방 후 1970년대까지 인근 학교의 소풍 장소로 인기였고 지금도 가끔 풍영정 아래에서 낚시하는 태공을 만날 수 있다.

광주향약이 시작된 남구 칠석동 부용정도 주목할 만한 곳이다.《광주읍지》'재학' 편에 '황해감사를 지낸 부용 김문발이 광주에서 최초로 향약을 설치하여 행했다'는 기록이 있다. 칠

승문원 판교를 지낸 김언거가 낙향해 지은 풍영정에는 당대 내로라하는 문인들이 쓴 60여 개의 현판이 걸려 있다.

석동은 국가중요무형문화재로 지정된 고싸움이 전승되는 마을로 전시관과 공원 등이 꾸며져 있다. 부용정은 마을 가운데 위치해 지금도 주민들이 쉼터로 이용한다. 누정에는 1568년인 무진년 3월, 주빈인 송천 양응정과 제봉 고경명이 이곳에서 나눈 시문이 걸려 있다. 양응정은 학포 양팽손의 아들로 당시 광주목사였다.

환벽당과 풍영정이 시문을 통해 사교와 교류를 하는 공간이었다면 풍암정은 은거를 위한 누정이다. 충장사에서 충효리로 가는 길 금곡마을에 이르기 전 오른쪽 무등산 자락으로 들어가 풍암제를 지나 작은 하천을 건너면 '풍암정사'라 쓴 현판이 반긴다. 풍암제에서 치마바위를 지나 무등산장과 제철유적지까지 이르는 길을 무등산 '의병길'이라 한다. 김덕령을 비롯해 의병들이 활동했던 곳으로 많은 이야기가 전해진다. 김덕령의 동생 김덕보는 큰형 김덕홍을 금산전투에서, 작은형 김덕령을 억울한 역모로 잃자 방랑생활을 하다 이곳 풍암정에 은거했다. 가을 단풍도, 겨울 설경도 아름다운 곳이다.

광주의 관문이 된

# 철길의 역사

조선시대에 광주에서 서울까지 여행하려면 8일 정도가 걸렸다. 이는 날씨가 좋을 때 기준이고 날씨가 좋지 않거나 사회가 불안할 때는 더 많이 걸렸다. 그래서 사회가 많이 불안할 때는 부임하는 관리들이 육로 대신 뱃길을 이용했다. 1914년 호남선이 개통되면서 8일은 1일로 단축되었다. 송정리역에서 내려 광주로 들어왔다.

광주와 송정리를 연결하는 철도는 1913년 송정리역이 업무를 보기 시작한 10년 후에야 생겼다. 당시의 광주 중심부였던 광주읍성 남문(현 수기동)에서 송정리역이 있는 곳까지는 오늘날 자동차로도 40분 정도 소요되는 15킬로미터 남짓 거리다. 그 시절 광주의 관문은 배를 타고 영산포로 들어와 말을 타고 광주읍성 서문(광주대교 근처)에 닿거나, 육로로는 장성을 거쳐 황룡강을 건너 북문(충장파출소 근처)으로 들어오는 길이었다. 따라서 송정리역은 광주의 관문이 아니었다. 광주 사람들

이 송정리역을 이용하려면 걷거나 마차를 이용해야만 했다. 일
제강점기에는 요금이 비싼 자동차도 있었다.

1922년 남조선철도주식회사가 대인동에 광주역(현재는 구
역이라 부름)을 세웠다. 당시 남조선철도주식회사는 일본의 거
대 재벌 영목상점이 설립한 자회사였다. 이후 광주~보성~여수
를 잇는 철도부설권은 일본철도와 네즈 가이치로가 설립한 같
은 이름의 '남조선철도주식회사'에게 넘어갔다. 일제가 일본
민간자본을 끌어들여 광주와 여수를 잇는 철도를 부설한 이유
는 전라남도 동부 지역의 미곡 등을 여수항을 통해 시모노세키
로 가져가기 위해서였다. 조선총독부는 나주~함평~무안을 잇
는 전라선을 국철로 개설해 목포항을 통해 쌀과 면화 등을 반
출할 기반을 마련했다.

1910년 일제는 철도와 도로 등 교통 분야 회사 설립을 장려
했다. 우후죽순으로 생겨난 일본인 자본의 철도회사는 제1차
세계대전 이후 공황이 이어지자 경영난에 빠졌다. 이에 조선총
독부는 남조선철도주식회사를 포함한 6개의 민간 철도회사 자
본을 위임받아 1923년 9월 조선 최대의 민간 철도회사인 '조
선철도주식회사'를 설립했다. 이후 조선의 철도 부설과 운영은
조선총독부 지휘 아래 조선철도주식회사가 맡았다.

철도가 생기자 광주의 관문도 바뀌었다. 말을 타던 시절에

는 광주읍성의 북문 밖 '절양루'가 관문이었다. 관아에서 5리 떨어진 절양루에서 관리를 맞고 사또를 배웅하고 장원급제한 양반도 맞았다. 광주역이 생기고 송정리와 운암, 극락강 등 네 개의 역이 운영되면서 광주의 관문은 송정리역으로 바뀌었다. 호남선을 타려면 다시 송정리역으로 이동해야 했다. 광주가 행정 중심 도시라 목포처럼 물동량이 많지도 않았기에 광주역은 경유지에 머문 것이다. 광주역과 송정리역은 역무원이 있는 보통역이고 나머지 두 역은 역무원이 없는 간이역이었다. 송정리역이 있는 황룡강 주변의 작은 벽촌은 수천 명이 사는 도심으로 변하기 시작했다. 조선시대 원이 있었던 선암시장은 송정리로 옮겨 송정시장이 되었다.

광주역은 '전남광주역'이라 불리기도 했다. 경의선 '황주역'이 광주역이라는 일본어 발음과 비슷했기 때문이다. 당시 열차 방송은 모두 일본어로 이루어졌고 안내책도 일본어로만 쓰여 있었다. 일본 사람들이 주로 이용했고, 조선의 물자를 수탈해 가기 위한 기차였다. 광주~송정~나주역을 오가는 통학열차에서 조선 학생과 일본 학생 간의 충돌은 예고된 일이었는지 모른다.

다시 10여 년이 지난 뒤에는 상황이 또 바뀌었다. 1930년대 익산~여수를 잇는 전라선이 개통되자 송정리역을 이용할 이유가 없어졌고 여수~순천~벌교를 오가는 화물이 많아졌다.

극락강역도 1938년 보통역으로 승격되었다. 이 지역에 풍영정이라는 정자가 있고 극락강변을 따라 백사장이 펼쳐져 여름이면 피서객들이 몰려들었다. 지금도 풍영정 앞 극락강을 가로지르는 광주~송정 기찻길과 광신대교가 신가동과 동림동 사이를 잇고 있다.

기차를 타고 갈 수 있던 그 당시의 광주·전남 지역 명승지로는 풍영정 외에도 남평 지석강(드들강), 능주 주변 수영장들, 보성 율포 해수욕장, 여수 만성리 해수욕장 등이 있었다. 벚꽃을 심어 명승지로 개발한 곳도 있었다. 송정리에서 학교를 다녔던 필자도 여름방학 때 친구들과 송정리역에서 기차를 타고 여수 만성리 검은모래해수욕장에 놀러 갔던 기억이 있다. 광주 학생들은 화순 영벽정이나 송석정 등에도 자주 갔다.

1922년 남조선철도주식회사가 대인동에 세운 광주역.

광주역은 1922년부터 1969년까지 대인동 시대를 마감하고 중흥동으로 옮겼다. 지금의 광주역, '신역'이라 부르는 곳이다. 구역과 구별해서 '신역'이라 하고, 이전에 신광주역이라 불렀던 역은 신역과의 혼동을 피하기 위해 남광주역으로 이름을 바꾸었다. 1976년 구역 맞은편에 공용 버스정류장이 생겼고, 1992년 광천동에 유스퀘어라는 새로운 버스터미널을 완공했다. 광주송정역이 KTX 환승역으로 바뀌면서 광주의 나들목은 다시 송정리로 바뀌었다.

ⓒ광주학생독립운동기념관

1930년대 광주 관광지 소개 엽서.

광주 근대화의 요람
# 양림동

1904년 12월 25일 오전 11시. 광주군 효천면 양림리 언덕의 선교사 유진벨(한국 이름 배유지)과 오웬의 집에 여학생 세 명이 모였다. 광주에서의 첫 기독교 예배는 그렇게 시작되었다. 반듯하게 지어진 교회 건물에서 보는 예배로는 1906년 북문안교회가 처음이지만 신도들이 모여 예배를 본 장소만을 따지면 이곳이 최초다. 이 예배는 '시작은 미미하였지만' 후일 광주 지역에 미친 영향은 실로 엄청났다. 수피아여학교와 숭일학교, 제중병원을 여는 출발이었고 전라도 근대화 물결의 시작이었다.

양림동의 '양'은 서양인들이 들어와 살았다는 뜻의 양(洋)이 아니라 볕(陽)을 의미한다. 옛 지명에는 버들(楊)로도 적혀 있다. 광주천이 범람하자 숲을 조성하고 양림이라 이름 붙였다. 양림의 중심은 이장우, 최승효의 전통가옥이 있는 지역이고, 선교사들이 자리 잡은 곳은 공동묘지이자 전염병으로 죽은 아이들을 묻는 풍장터였다. 양림동을 거쳐 간 인물로는 중국 '국민 음악가' 정율성(1914~1976), 시인 김현승(1913~2013), '검은 머리의 차이콥스키' 정추(1923~2013) 등이 있고, 황석영 작가가 장길산을 집필한 곳이기도 하다. 한희원미술관, 양림미 술관, 펭귄마을, 선교사 사택, 오방최흥종기념관, 최승효 가옥, 이장우 가옥 등 이곳에 들어선 건물과 시설의 면면을 살펴보면 예사롭지 않은 땅임에 틀림없다.

양림동에 선교사들이 머물기 시작한 것은 19세기부터다. 광주 · 전남 지역 개신교 선교는 미국 남장로회에서 맡았다. 남 장로회가 전라도와 제주에서 선교활동을 하게 된 데는 윤치호 의 역할이 컸다. 미국 망명 중 만난 인연으로 당시 전라남도 초 대 관찰사였던 부친 윤웅렬에게 선교사 일행을 소개했던 것이 다. 미국 북장로회 언더우드 목사가 1884년 서울 지역 선교를 시작한 것보다 늦은 1893년, 유진벨(1868~1925)을 비롯한 선 교사 일행이 목포와 광주에서 선교활동을 했다. 유진벨은 전주 와 함께 전라도의 중심이었던 나주를 거점으로 삼으려 했지만 나주 유림의 거센 반대에 부딪혀 개항지인 목포로 옮겨 활동하 다가 1904년 광주 양림동에 자리를 잡았다. 이 무렵 전라도의 중심은 나주에서 광주로 옮겨지고 있었다.

남장로교 선교사들은 침구와 음식, 옷을 챙겨 들고 열흘 정 도 광주와 근교를 순회하며 선교활동을 했다. 한국인 조력자의 도움을 받아 영산강 뱃길이나 말을 이용하기도 했다. 을사늑약과 일제 수탈로 백성들의 심신이 피폐해 있는 상황에서 선교사들은 의료봉사와 교육활동으로 교세를 확장했고, 목포에 정명학교와 영흥학교, 광주에 숭일학교와 수피아여학교를 세웠다. 광주 최초의 종합병원인 제중병원(현 광주기독병원)도 설립했다. 이렇게 하여 양림동은 광주 근대 교육과 근대 의료의 중심이 되었다. 처음 예배를 보았던 그 자리에 1982년 선교기념비(광주 사직도서관 앞)가 세워졌으며, 양림동에 한옥으로 지은 유진벨 선교기념관이 있다.

오늘날의 양림동은 근대 건축물과 멋진 카페들이 어우러진 도심 여행지로 인기를 끌고 있는데, 나무와 숲이 특히 인상적이다. 유진벨과 오웬 등 선교사들의 묘비가 있는 양림산은 아카시나무, 흑호두나무, 왕버즘나무, 팽나무, 참나무 등 오래된 나무들이 숲을 이루고 있다. 일제강점기 선교사들이 심은 나무다. 선교사 사택의 차고지를 전시 공간으로 리모델링한 '아트폴리건' 앞 호랑가시나무는 수령 400년의 고목으로 둘레 1.2미터, 높이 6미터에 이르는 위풍당당한 모습이 인상적이다. 이 주변을 호랑가시나무 언덕이라 부르는데 선교사 사택, 게스트하우스, 예술가의 작업실 등이 모여 있다.

시인 김현승이 양림동에 머물며 시를 쓰고 문인들과 교유

광주 근대화의 요람이 된 양림동 호랑가시나무 언덕에 보전되어 있는 우일선 선교사 사택.

양림동 주민들의 손으로 꾸며진 펭귄마을은 레트로 감성의 관광지다.

했던 것도 목사였던 아버지 때문이었다. 김현승 시인의 시비가 선교사 묘역에서 내려오는 길목에 세워져 있다. 무등산과 그가 근무했던 조선대학교가 잘 보이는 곳에 세웠다는데 지금은 아파트와 건물들이 앞을 가렸다. 시인과 소설가, 음악인들이 머물던 양림동에 최근 문화예술인들이 하나둘 자리를 잡고 있다. 이곳에서 어린 시절을 보낸 화가 한희원이 갤러리를 마련해 광주의 아픔을 따뜻한 서정미로 표현하는 작업을 하고 있다. 미디어와 남종화를 접목한 미디어아트 장르를 개척한 이이남 작가의 작업실도 있다. 관광, 문화, 예술, 문화기획 등 다양한 지역 활동가를 인큐베이팅하는 프로그램을 운영하면서 양림동이 다시 꿈틀대고 있다.

사라진 역사와 공간
# 경양방죽과 광주읍성

## 무등산 물을 모아 농사를 짓게 한 경양방죽

광주의 상징적인 경관을 꼽으라면 많은 사람이 무등산을 떠올릴 것이다. 두말할 필요도 없다. 무등은 광주의 상징이다. 그런데 두 세대 전만 해도 무등산보다 태봉산과 경양방죽을 꼽는 사람이 더 많았을지 모르겠다. 지금의 광주역 근처에 자리 잡은 경양방죽은 꽃 피는 봄에는 선유놀이를 하고 물이 꽁꽁 얼면 썰매를 타던 곳이었다. 농사철이면 그 물을 끌어와 농사를 지었다.

정약용은 18세 때인 1779년 '경양의 못가를 지나며'라는 글에서 '연꽃이 피면 뱃놀이 제격'이고 '일천 이랑 논들에 물이 넘치네'라며 감탄했다. 글 속의 경양방죽은 1440년(세종 22년) 전라감사 김방이 세종의 중농정책을 받들어 2년여 만에 완공했다고 전한다. 김방은 광주 효천 덕림에서 태어나 무등산 증심사를 중창하고 오백나한을 조성했다. 경양방죽과 관련해 전하는 이야기는 많지만 그 맥락은 대동소이하다. 요약하여 소개하면 아래와 같다.

가뭄이 심해 흉년으로 백성들이 굶어 죽게 생기자 무등산에서 흘러내리는 물을 끌어들여 농사를 짓기로 했다. 하지만 완공을 하지 못하고 수년째 공사 중이라 집을 잃고 흙더미에 깔려 죽을 위기에 놓인 수만의 개미를 발견했다. 이들을 무등산으로 옮겨주었다. 다음날 일어나보니 뒤뜰에 하얀 쌀이 쌓여 있었다. 공사를 하는 사람들에게 배불리 먹이고 나면 또 가져다놓고 해서 경양방죽을 완공해 가뭄을 극복하게 되었다.

선사시대에 충적평야를 일궈 농사를 지었다면 청동기시대에는 수리시설을 만들어 농사를 지었다. 광주역 인근에는 광주

광주천의 물을 모아 만든 연못인 경양방죽의 옛 풍경. 이 물로 마을 논에 농사를 지었다.

100

평야라 할 만큼 너른 농지가 있었다. 무등산에서 흘러내린 물은 광주천이라는 물길이 되었고, 화순과 광주 인근 농민들은 보와 물을 논으로 끌어오는 봇도랑을 만들어 농사에 사용했다. 이 보와 봇도랑을 관리하는 일로 수리공동체를 만들어 그 봇주는 신망이 있고 농사도 웬만큼 짓는 사람이 맡았다. 무등산 물을 이용할 때는 촌수나 귀천을 따지지 않고 윗논부터 차례로 물을 대는데 이를 '차릿물'이라 했다. 높고 낮음이 없다는 무등이 만들어낸 물로 농사를 지을 때도 평등의 원리를 적용했다. 불로동 일대에 제방을 쌓아 불로동·황금동·충장로·대인동·계림동의 물길을 거쳐 온 광주천을 모아 만든 연못이 수심 10미터, 면적 4만6000여 평의 경양방죽이다. 이 물로 1150마지기의 마을 논에 농사를 지었다.

방죽 옆에는 태봉산이 있었다. 이름에서 알 수 있듯 왕이나 왕자의 태가 담긴 돌함지인 태실을 묻던 산이다. 태어난 곳을 탯자리라 해서 소중하게 마음에 간직하는데 그 태를 묻은 곳은 오죽할까. 백성도 아니고 왕실이라면 더 말할 필요가 없다. 따라서 태봉(胎封)은 고을 수령이 특별하게 관리하며 경작이나 주거를 금했다.

태봉산은 광주역에서 기아타이거스 경기장으로 가는 길에 있었다. 높이 52.5미터에 면적 3000여 평으로 알려져 있다. 1872년 발행된 《광주목지도》에 '고려왕자태봉'이라고 소개되었다. 왕실에 대군이나 왕자가 한둘이 아니고 종종 감추어야 하는 일도 있었으니 태봉은 구전을 통해 전설이 되고 설화가 되기도 했다. 1928년 여름, 가뭄이 극심해지자 태봉산 주변으로 농사짓는 아낙들이 몰려들었다. 누군가 '태봉산에 무덤을 만들어 하늘이 노해서 가뭄이 들었으니 그 무덤을 파내야 한다'고 말한 것이다. 아낙들의 호미질에 백자 항아리 태실이 발견되었다. 함께 발견된 지석에는 이렇게 적혀 있었다.

皇明天啓四年九月初三日辰時誕生
王南大君兒只氏胎
天啓五年三月二十五日藏
황명천계사년구월초삼일진시탄생
왕남대군아지씨태
천계오년삼월이십오일장
(1624년 9월 3일 진시에 대군 아기씨를 낳았고, 그 태를 1625년 3월 25일 묻는다.)

태의 주인공은 인조 임금의 아들로 추정되지만 명확하지 않다. 당시는 이괄의 난으로 인조가 충남 공주로 피신해 있던 때였다. 다만 '인열왕후 한씨가 왕자를 낳아 그 태를 계룡산에 묻었는데 대군 아기씨가 건강하지 않아 도승이 알려준 광주의 여의주 형국에 묻게 되었다'는 이야기가 전해진다.

일제는 도시 계획을 위해 경양방죽을 매립하려고 했다. 시민들은 최홍종 목사를 중심으로 반대투쟁위원회를 만들었다. 경양방죽이 농업용수, 홍수 조절, 소화용수의 역할을 하고 있으며 도시 계획을 위한 택지 조성은 경양방죽을 매립하지 않고도 가능하다고 주장했다. 무엇보다 경양방죽이 가지는 역사성과 경관의 가치를 강조했다. 하지만 일제는 경양방죽의 1/3(약 1만6300평)을 남기고 매립했다. 그리고 해방 후 1966년 몽리답의 수원 기능이 약화되고 쓰레기장으로 변해 오염이 심각해지자 태봉산을 헐어 매립했다. 옛 광주시청이 들어선 곳이다. 그 자리에는 지금 표지석 하나가 덩그렇게 서 있다.

### 군사와 행정 기능을 한 광주읍성

광주의 상징이었다가 사라진 또 다른 유적이 광주읍성이다. 광주읍성은 고려 왕건이 후백제를 평정한 뒤 행정구역을 개편하면서 무주였던 고을 이름을 광주로 바꾸고 터를 옮겨 쌓은 것으로, 행정과 군사 두 가지 기능을 가지고 있었다. 광주읍성에 대한 최초의 기록은 《세종실록지리지》에 실린 '읍성은 돌로 쌓았고 둘레가 972보이다'라는 것이다. 언제 축조되었는지, 어떤 건물이 있었는지 명확하지 않다. 《신증동국여지승람》과 《동국여지지》 등에 '돌을 이용해 쌓았으며 둘레는 8253척, 높이 9척, 성문 4개, 우물 100개'라는 기록이 있다.

광주읍성의 철거 시기는 명확하지 않지만 1907년 성벽처

리위원회가 설치되면서 시작되었을 것으로 추정한다. 일제강점기 도시 계획, 광주천 공사, 도로를 확장하고 포장하는 공사로 광주읍성은 대부분 사라졌다. 일제의 의도적인 흔적 지우기도 한몫을 했다. 오랫동안 정치·행정·군사의 중심지였던 고을의 흔적이 사라진 것을 생각하면 안타까울 뿐이다. 불행 중 다행으로 1990년대 중반 지중화 공사*를 진행하면서 지하에 묻힌 성벽과 성돌 일부가 발견되어 읍성 자리라는 사실을 확인했다.

남아 있는 것은 '동문밖 장승'이라 불리는 돌벅수와 남문밖 '진남비', 그리고 아시아문화전당을 만들면서 옛 전남도청 주차장 자리에서 확인된 광주읍성 유허지다. 광주읍성의 4대문을 보면, 동문은 전남여고 앞 비움박물관 옆에 있었다. 좋은 기운이 깃드는 문이라 하여 서원문(瑞元門)이라 했다. 문밖에는 보호동맥(補護東脈)·와주성선(柱成仙)이라 새긴 석장승이 있었지만 전남대학교 박물관으로 옮겼다. 서문인 광리문(光利門)은 충장로 1가에서 광주천으로 가는 길, 속칭 '황금동 콜박스'라는 곳에 있었다. 남문은 재해, 질병, 왜구를 막는다는 의미의 진남문(鎭南門)이었다. 아시아문화전당역 6번 출구 앞이다. 북문은 임금님이 계시는 쪽이라 공북문(拱北門)이라 했으며 충장과

* 철탑과 전신주 등 고압 송전선과 가정용 배전선을 지하에 매설하는 작업.

출소 앞에 있었다. 공북문 옛 사진이 광주읍성 중 유일하게《보고의 전남》(1913)에 남아 있다.

광주읍성에서 경양방죽으로 가는 제방에는 오래된 거목들이 있었다. 이를 유림 숲이라 했다. 광주천 제방의 범람과 붕괴를 막기 위해 제방림으로 조성했을 것이라는 설과 십신사의 사찰림이었을 것이라는 설이 있다.《광주읍지》(1879)에는 풍수 목적으로 허한 곳을 채우기 위해 조성했다고 기록했다. 어쨌든 숲이 무성해 유림 숲에 호랑이가 출몰하였던 모양이다. 수많은 병졸들이 유림 숲을 에워싸고 징과 북을 두드려 호랑이를 몰아 검객이 잡았다고 한다. 17세기 광주목사 조정만은 이곳에서

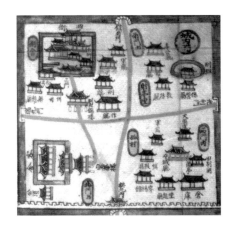

〈1872년 지방지도첩〉에 표시된 광주읍성 모습(서울대 규장각 소장).

사냥하는 과정을 시로 남겼다. 무등산 장원봉 아래 있던 향교를 성 안으로 옮긴 것도 호환 때문이었다. 무등산에 호랑이가 출몰한 것도 그렇지만 지금은 시내 중심이 된 곳에서 호랑이 사냥이라니 상상하기 어렵다. 지금의 유동과 임동 일대 지명도 유림 숲에서 비롯된 것이다. 일제는 이곳을 개간하여 면화채종포*를 만들려고 했다.

선사시대 영산강 상류, 극락강이라 부르는 곳에 움집을 짓고 사람이 살던 때를 시작으로 광주라는 도시가 형성되는 데 큰 역할을 한 것이 무등산과 광주천이다. 무등산은 기름진 땅과 집을 짓고 땔감으로 쓸 나무를 주었다. 광주천과 동계천은 광주읍성을 둘러싼 물길을 만들어 방호 역할을 했다. 오늘날 무등산은 국립공원에서 세계지질공원으로 바뀌었고, 광주천은 옛 모습을 잃고 겨우 명맥만 유지하며 복원을 기다리고 있다. 광주읍성은 일제에 의해 흔적도 지워지고 도심 개발로 땅속에 묻혔다.

● 목화씨를 받기 위해 조성한 밭.

광주 최초의 도시공원
# 광주공원

광주에 근대 공원이 처음 등장한 때는 1913년이다. 지금의
광주공원 자리다. 1924년 사직단에 새로운 공원을 조성하면서
기존 공원은 '구공원'이 되었다. 일제시대에 간행된 《부세일반》
(1937년)을 보면 '1924년 양림과 사정에 신공원이, 서정에는
구공원이 설립되었다'고 기록했다. 구공원은 거북바위가 있어
구강공원이라 부르기도 했다. 공문서 〈광주시가지계획〉(1943
년) '공원결정조서'에는 광주공원(사구동, 서동)과 구강공원(사구
동)이 기록되어 있다. 신공원은 조성된 후 광주공원이라는 명
칭을 사용한 것이다. 〈광주도시계획연혁〉(1992)을 보면, 1967
년에 구강공원(사구동)은 광주공원(사구동, 서동)으로 명칭을 바
꾸고 기존 광주공원(사구동, 서동)은 사직공원(사구동, 서동, 양림
동)으로 명칭 변경과 함께 공원 구역도 축소했다. 광주공원이
라는 공식 지명으로 현 위치와 공간에 자리를 잡은 것은 1967
년으로 추정된다.

광주공원 입구에는 5·18사적비가 있다. 이곳이 광주항쟁 당시 시민군에게 총기를 나누어주고 훈련했던 장소이기 때문이다. 1980년 5월 21일 도청 앞에서 계엄군이 집단 발포해 많은 사상자가 발생했다. 이후 항쟁 참여자들은 자위 수단으로 외곽에서 총과 탄약을 가져와 시민군을 편성하고 군대를 다녀온 사람들의 지도를 받아 이곳에서 훈련을 했다. 5월 27일 계엄군이 도청을 진압할 때는 여기서 교전이 발생했다.

공원으로 오르는 계단에는 '일제 식민통치 잔재물인 광주신사 계단입니다'라는 글이 붙어 있다. 역사를 밟고 공원에 오르면 오른쪽으로 비석 10여 기가 세워져 있다. 광주 시내에 산재되어 있던 비를 모아 1965년 지금 자리로 옮긴 것이다. 눈에 띄는 것은 임진왜란 당시 금산전투를 지휘했던 도원수 권율 장군을 기리는 비다. 비문 앞면에 '都元帥忠莊權公倡義碑(도원수 충장 권공창의비)'라 새겨져 있다. 금산전투는 호남을 차지해 식량을 해결해야 하는 일본군에게는 반드시 승리해야 할 전투였다. 무혈 입성한 왜군으로부터 금산성을 탈환하기 위해 도원수 권율, 호남 의병장 고경명과 두 아들, 김덕령 등이 출전했다. 성거산 아래 광주향교에서 결의를 다진, 광주의 유림 출신 근왕의병들도 많이 참가했다. 금산전투에서 고경명과 아들 인후가 전사하고 장남 종후는 살아남았다. 이후 장남마저 진주성 싸움에서 순절한다. 왜군이 호남을 범하지 못한 것은 금산전투 후 완주·운주·이치전투에서 400여 명의 농민군이 창, 낫, 활,

돌로 무장해 싸운 덕분이다.

아이러니하게 권율 장군의 비 옆에는 일제시대에 전남관찰
사를 지냈고 일본으로부터 남작 작위를 받은 윤웅열, 이근호의
선정비도 세워져 있다. 광주광역시는 2019년 이들 비석 옆에
친일 내용을 알리는 단죄문을 세웠다. 또 공원에는 을사조약
체결 이후 의병을 일으켰던 심남일(1871년생, 함평) 의병장의
순절비도 세워져 있다. 심 의병장은 1910년 10월 대구 감옥에
서 순국했다.

광주공원의 또 다른 상징은 '구동실내체육관'이었다. 돔형
으로 만들어진 광주 유일의, 그리고 서울 장충체육관에 이어
국내에서 두 번째로 지어진 실내체육관이었다. 1964년 개관한
체육관은 지상 2층에 관람석 2200석 규모였다. 이곳에서 각종
공연, 반공궐기대회, 방송 중계 등이 진행되었다. 필자도 중학
교 때 이곳에서 열린 반공궐기대회에 참가했었다.

1970년대 광주공원에는 시민회관과 무진회관이 세워져
결혼식과 각종 강연과 공연이 열렸다. 공원 입구에는 국밥집과
포장마차가 많아 젊은이들이 즐겨 찾기도 했다. 지금도 그 추
억을 갖고 광주공원 포장마차촌을 찾는 사람들이 있다.

1924년 만들어진 '신공원'은 당시 일본 황태자의 결혼식에
맞춰 우리 민족의 상징인 사직단에 조성한 것이다. 해방 후 사

직공원이라는 이름을 되찾았지만 신공원의 흔적은 벚꽃놀이로 남았다. 그때 심었던 벚나무는 아름드리로 자라나 봄이면 농성동 길과 광주-송정간 도로 등 도심 꽃놀이의 상징으로 자리 잡았다. 1960년대 말 이곳에 동물원이 들어섰다가 1991년 지금의 우치공원으로 동물원을 옮기고 1994년 4월 사직단에 제물을 올렸다. 공원 전망대에는 팔각정이 있어 지금처럼 고층 건물이 즐비하기 전에는 광주 시내를 조망할 수 있었다. 당시 50대 이상 광주 시민들은 누구나 이곳을 배경으로 찍은 사진 한 장쯤 갖고 있을 만큼 유명했다. 시내와 가깝고 밤에도 불을 밝혀 지산유원지가 개발되기 전 젊은이들의 데이트 명소였다.

일제 식민통치 잔재물인 광주신사 계단입니다.

광주공원 입구 계단에 붙어 있는 글귀.

옛 광주의 나들목
# 서창마을

옛 시절 광주로 오는 길은 걷거나 말을 타면 장성을 지나고 배를 타면 영산강을 거슬렀다. 어느 쪽으로 오든 반드시 거쳐야 할 곳이 서창이었다. 지금의 광주공항 맞은편 영산강을 건너면 서창마을이다. 서창에는 영산강의 다른 이름인 극락강에서 이름을 따온 극락진과 극락역이 있었다.

서창은 조선시대 창등 언덕에 창고가 있어 붙여진 지명이다. 당시 광주에는 서창 외에 충장로의 읍창, 광산구 무양서원의 동창, 유사시를 대비한 장성 입암산성의 산창 등 네 개의 창고가 있었다. 뱃길로 조운*하기 좋은 위치였던 서창은 조선 후기 환곡창의 역할을 했다. 보릿고개처럼 곡식이 떨어지는 시기에 세곡을 저리로 빌려주고 수확한 후 받는 제도다. 그런데 관리들은 빈농 구제보다 이자로 받는 색리에 더 관심이 많아 조

---

● 조세로 거둬들인 곡물을 국가 창고인 경창으로 운송하는 제도.

운선에 실어 보내기 전의 곡물을 상인들에게 높은 이자를 받고 대출해주는 장사를 했다. 그러다 보니 창고 관리는 많은 이익을 남길 수 있는 자리였다. 관아의 창고를 관리하는 직책으로는 감관, 색리, 고직 등이 있었는데 이 자리를 임명할 때 돈이 오가기도 했다.

서창은 무등산과 나주 금성산이 마주보는 사이, 황룡강과 영산강이 만나 만들어낸 너른 충적평야를 품은 마을이다. 영산강은 흐르는 골마다 작은 산과 지천(支川)을 만나 서창과 나주 외에도 함평·영암·학교·문평·구림·서호 등 작은 평야들을 만들었다. 높은 산이 없고 낮은 언덕으로 이루어진 지형의 특성 때문이다. 지도군수 오횡묵은 이곳을 옥야천리(沃野千里)라 했다. 조선시대에는 뱃길과 언덕 위의 작은 마을 말고는 모두 논밭이었을 것이다.

서창에서 배를 타고 강을 건너 농사를 짓는 문촌 일대 농지를 '서창들'이라고 했다. 지금의 광주공항 자리가 그곳이다. 부자들은 마을과 가까운 땅에 물길을 만들어 쌀농사를 지었지만 가난한 사람들은 삼각주 우각호 등 모래밭에 농사를 지었다. 늘 홍수를 걱정하고 하늘을 보며 농사를 지을 수밖에 없는 형편이었다. 이때 꼭 필요한 것이 작업선이었다. 현재의 서창파출소 앞에는 1769년에 세운 '농선부 시주비'가 있다. 농선부는 농선을 운영하는 뱃사공을 말하고, 시주한 인물은 조창좌와 강선주다. 물길을 건너야 하는 백성들에게 다리나 배를 시주해주는 것만큼 큰 공덕은 없다. 농선부 시주비 옆에는 두 기의 공동비가 세워져 있다. 역시 나루와 관련된 것으로, '박공호련 시혜불망비'라 새겨져 있다. 박호련은 서창 출신 나룻사공이다. 나룻사공, 상인, 정미업 등으로 자수성가해 기근이 심했던 1924년에 쌀 10섬과 금품을 내놓았고, 1929년 가뭄에는 쌀 30섬과 금품을 기부했다. 서창보통학교를 설립할 때는 학교 부지 3000평을 기증하기도 했다. 그 내용이 중외일보(1929.1.19.)에 소개되어 있다.

서창은 옛 시절 광주로 들어오려면 어느 길로 오든 반드시 거쳐야 할 마을이었다.

서창들은 모라대들(마륵동 일대), 극락평(용두동 서창동 일대), 동밧대들, 천월평(도호동, 도산동)으로도 불렸다. 모라대들에 1930년대 조선총독부가 비행장을 만들었고 한국전쟁 때는 상무대가 들어서 '상무대 비행장'으로 이용했다. 이후 속도가 빠른 제트기가 이착륙하게 되자 활주로가 너무 짧아 1960년대 동밧대들에 새로운 비행장을 만들었다. 지금의 광주공군기지와 광주공항이다. 무등산 정상인 천왕봉에는 방공미사일기지가 생겨 무등산의 경관을 무너뜨리기 시작한다. 또 등산객들은 서석대까지만 오를 수 있도록 통행을 제한했다. 최근에는 광주공항과 군공항을 이전하는 계획이 추진되고 있다.

1950년대 서창에는 창촌·증촌·발산 등지에 300호가 살았다. 제방 없는 모래밭을 일궈 농사를 지어야 했으므로 모래에서 잘 자라는 감자와 참외를 심었다. 고래실이라는 곳에서는 쌀농사도 지었다. 제방이 없어 여러 길로 물이 흘렀고 강폭이 좁았다. 그래서 '담양 큰애기 셋이 모여서 오줌을 싸면 서창에 홍수가 진다'는 말이 나왔다. 배를 타고 건너던 마을을 서창교를 지나 들어가 보면 문촌·신야촌 등 옛 마을이 남아 여전히 농사를 짓고 있다. 선암동은 개발되어 도심으로 바뀌었고 도산동은 일부가 비행장에 포함되었다.

제3부

_____

# 도시 산책

광주 사람들의 등대

# 무등을 걷다

목포나 나주로 출퇴근하던 나에게 집으로 가는 길은 무등으로 가는 길이었다. 먼 남쪽 섬 여행을 다녀올 때도 무등 자락이 보이면 마음이 편해졌다. 무등은 광주 사람들에게 등대와 같았다. 그곳을 보고 광주가 가까웠음을 알고 광주로 가는 길이 맞다고 확인했다.

무등산은 광주 사람들이 배고플 때 제 살로 땅을 만들어 농사를 짓게 하고, 불이 필요할 때 제 뼈로 불쏘시개를 하게 했다. 살아 있는 사람에게는 의식주가 되어주고 죽은 사람에게는 기꺼이 무덤을 내주었다. 희망을 찾지 못하던 독재의 시절에는 희망가가 되어주었고, 이제는 국립공원이 되어 미래 세대의 관광자원으로 자리 잡았다.

무등산은 광주·전남을 대표하는 진산이자 호남정맥의 중심이다. 해발 1187미터 천왕봉을 중심으로 서석대·입석대·광석대 등 수직 절리상의 암석이 석책을 두른 듯 장관이다. 비할 데 없이 높고 큰 산, 등급을 매길 수 없이 고귀한 무등(無等)의 산이다. 광주광역시 북구와 동구, 전라남도 담양과 화순군에 걸쳐 있으며 1972년 도립공원으로, 2013년 국립공원으로 지정되었다. 고온의 용암이 분출된 후 지표에 냉각되는 과정에서 수축하여 다각형 돌기둥이 형성된 주상절리가 특징이다. 2014년 국가지질공원으로, 2018년에는 유네스코 세계지질공원으로 인증되었다.

《고려사》는 '무등산은 광주의 진산이다. 광주는 전라도에 있는데 큰 읍이다'라고 했다.《동국여지승람》에는 무등산을 일명 '무진악' 또는 '서석산'이라고 했다. 또 '서쪽 양지 바른 언덕에 돌기둥 수십 개가 즐비하게 서 있는데 높이가 백 척이나 된다'고 했다. 서석이라는 이름이 여기에서 비롯되었다. 전라도에서 영험한 산으로 광주 무등산과 나주 금성산을 꼽았던 것 같다. 조선시대는 말할 것도 없고 해방 후에도 기도처나 도량으로 무속인들이 줄을 이었다. 사사로운 음사만이 아니라 관아에서도 무등산에 신사라는 제단을 설치하고 정기적으로 제사를 지냈다. 조선 태조는 무등산에 호국백(護國伯)이라는 봉작을 내려 천제단에서 제사 지낼 때 '무등산호국백지신위'라는 신패를 걸기도 했다. 일제강점기에 중단되었던 천제단 제사는 1960년대 민간에서 다시 시작해 지금에 이르고 있다.

　　무등산 트래킹 코스로는 무등산국립공원 탐방로와 무등산
보호단체협의회가 조성한 무돌길, 푸른광주21과 광주광역시
가 조성한 무등산옛길, 국가지질공원 지정 이후 만들어진 지오
트레일 등이 있다. 무돌길을 제외하고 무등산 최고의 경관을 자
랑하는 입석대 · 서석대 · 장불재 · 중봉 등을 포함한 길들이다.

　　무돌길은 1989년 출범한 무등산보호단체협의회와 광주광
역시가 2010년 공동으로 조사에 들어가 2011년 11월 26일
광주의 상징 숫자인 51.8킬로미터를 완공한 길이다. 1910년
제작된 지도를 기본으로 재를 넘어 마을과 마을을 잇는다. 무
돌뫼는 무등산의 옛 이름으로, '무등산을 한 바퀴 돌아가는 길'
이라는 의미다. 무등산 둘레길이라 할 수 있다. 광주 북구는 각
화마을~독수정 네 구간, 담양은 독수정~무동마을 정자 두 구
간, 화순은 무동마을 정자~큰재 쉼터 다섯 구간, 광주 동구는
만연재~광주역 네 구간이다.


　　무등산옛길은 중심사지구에 편중되는 탐방 수요를 분산하
기 위해 2009년 개통되었다. 산수동~원효사의 1구간, 원효사
~서석대의 2구간을 지나 3구간인 장원 삼거리와 풍암정을 거
쳐 환벽당에 이른다. 1구간은 황소걸음길, 김삿갓길, 장보러 가
는 길, 산장 가는 길 등의 이야기가 있다. 2구간은 물소리와 바
람소리, 새소리가 어우러져 무아지경에 빠져들게 한다는 뜻에
서 '무아지경길'로 불린다. 3구간은 나무꾼길과 역사길로 나뉜

다. 나무꾼길은 나무꾼들이 주로 이용하는 길로, 실제 계림동에는 나무만 파는 나무 전시장이 있었다. 역사길은 의병장 김덕령 장군을 모신 충장사를 비롯해 600년 전 고려 말, 조선시대 분청사기 가마터, 풍암정, 김덕령 장군 생가터 등을 지난다.

무등산옛길은 정상과 장불재를 제외하면 전 구간이 숲길을 걷는다. 초입인 무진진성을 지나 제4수원지부터 충장사에 이르는 구간은 흙길이고 경사가 심하지 않아 누구나 편하게 걸을 수 있다. 충장사에서 원효사까지 가는 길은 바윗길이 많이 포함되어 있다. 그만큼 높이 올라왔다는 의미다. 날씨가 좋지 않을 때는 피하는 것이 좋다. 무등산의 진경 서석대 앞에 서면 몇 시간을 걸었던 고통을 모두 잊을 수 있다. 내려오는 길의 입석대는 서석대보다 자연스럽게 주장절리대에 낀 이끼까지 가까

무등산 정상인 천왕봉은 군부대가 주둔하고 있어 일반인 출입이 통제되므로 서석대가 등반객들의 실질적인 정상이다.

이서 살펴볼 수 있다. 손에 잡힐 듯 펼쳐진 주상절리는 소름이 끼칠 만큼 아름답다. 장불재에 이르면 입석대와 서석대를 포함한 무등산 정상을 한눈에 볼 수 있다. 그 장엄함이란 말로 표현할 수 없을 정도다.

무등산국립공원 탐방로는 광주에서는 증심사와 원효사에서 출발하고, 화순에서는 수만리와 도원마을에서 출발한다. 무등산 완주로 꼽는 탐방로는 증심사에서 중머리재~장불재~규봉암~꼬막재~원효사로 이어지는 길이다. 조용한 산행을 원한다면 교통이 불편하지만 국립공원 명품마을인 도원마을에서 규봉암을 거쳐 장불재로 오르는 길이 좋다. 이곳에는 캠핑장과 물놀이 시설도 갖춰져 있다.

지오트레일은 무등산권 지질공원 내 명소를 잇는 탐방로다.

지오트레일은 지질학(geology)과 길(trail)을 결합한 이름으로, 무등산권 지질공원 내 명소를 잇는 탐방로다. 광주·화순·담양을 아우르는 6개 구간 중 가장 인기 있는 무등산1트레일은 방문객센터(원효사지구)~제철유적지~서석대~입석대~장불재~지공너덜~광석대~신선대와 억새평전~의상봉~방문객센터(원효사지구)로 이어지는 11.4킬로미터 구간이다.

구도심의 중심

# 충장로

충장로를 '광주의 명동'이라 부른다. 김덕령 장군의 시호를 따 명명된 충장로는 1946년, 해방 후 최초로 역사 인물을 거리 이름으로 붙인 곳이다. 광주에는 금남로 · 충장로 · 제봉로 · 구성로 등 역사 인물의 이름이나 호에서 비롯된 길이 모두 30개에 이른다. 이 중 충장공 김덕령과 충렬공 고경명, 구성공 전상의 세 사람은 나라로부터 정려를 받은 '광주의 3충신'이다. 정려는 나라에서 충신, 효자, 열부, 열녀 등을 선정해 정문을 세워 표창한 제도다. 조선의 국가 이념이었던 충과 효의 유교적 풍습을 교화하기 위한 것이었다.

충장로는 조선시대 광주읍성의 네 성문 중 남문과 북문을 잇는 길이었다. 이곳을 북문거리, 일제강점기에는 북문통이라 했다. 〈1872년 지방지도첩〉에 그려진 광주의 모습은 조선시대 많은 지도 중 가장 상세하게 묘사되어 있다. 사각형 평면 읍성에 동·서·남·북문이 표시되어 있다. 방위는 나침반 방향이 아니라 임금이 있는 곳으로 난 길을 북문으로 정했다. 지도에 묘사된 공북문은 북문거리, 진남문은 남문거리에 해당하며 세로로 이어진 길이 충장로 1~3가다.

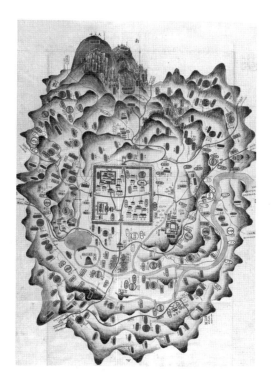

〈1872년 지방지도첩〉에는 조선시대 광주의 모습이 상세하게 묘사되어 있다.

1900~1910년 일본인이 정착하면서 충장로는 본격적인 상업 지역으로 바뀌었다. 광주읍성 시절에도 성 안이나 문밖에 점포들이 있었고 광주천 일원에도 크고 작은 시장이 있었지만 근대적인 상가는 일본인의 정착과 함께 만들어졌다. 충장로 1~3가는 일본인이 장악했고, 북문 밖에 위치해 땅값이나 임대료가 저렴한 4~5가에서는 한국인들이 미곡, 잡화, 포목을 거래했다. 일제강점기 광주의 일본인 상인은 250여 명, 한국인 상인은 90여 명이었다. 대표적인 한국 상인으로는 포목상 심덕선과 고무상회 최한영이 있다. 남창상회를 운영하던 심덕선은 남평 · 송정 · 장성의 오일장을 오가며 물산을 모아 장사했다. 1935년 설립된 종방(종연방적) 광주공장의 포목을 총괄 판매하면서 크게 성장했다.

일제강점기 충장로에는 송죽원 · 창경원 · 계룡관 · 만경관 · 유일관 · 청춘관 · 백수관 · 누문관 등 요릿집이 많았다. 낮에는 일반음식점처럼 식사류와 간단한 술을 팔았지만 밤이면 산해진미를 내놓는 고급 요릿집으로 바뀌었다. 서민들이 즐겨 찾던 곳으로는 추어탕을 하는 뽐뿌집, 설렁탕을 하는 농춘원 등이 있었다. 필자가 즐겨 찾던 뽐뿌집은 최근까지 영업을 했다.


한국전쟁기에는 충장로보다 양동시장, 동문시장(계림시장), 금동시장 등 재래시장이 인기였다. 양동시장이 열리면 충장로는 한산했다. 1960~70년대에는 양복점과 양장점이 많았다.

결혼 날짜를 잡으면 가장 먼저 들르는 곳이 충장로였다. 하지만 기성복이 나오기 시작하고 양복점이나 양장점을 찾는 세대가 충장로에서 멀어지면서 1980년대에는 화장품이나 신발 등의 대리점이 차지했다. 이후 프랜차이즈, 패스트푸드, 휴대전화 점포로 바뀌었다.

충장로에 활기가 넘치던 시절은 1970~80년대였다. 당시 '시내에 간다'는 말은 곧 충장로에 간다는 말이었다. 광주의 다른 지역은 시내라고 하지 않았다. 시내에 가는 이유는 몇 가지가 있었다. 가장 많은 이유는 약속이다. 속칭 '우다방'으로 통하는 충장로 1가 광주우체국 앞이 약속 장소였다. 유명한 식당으로 맛있는 것을 먹으러 가기도 했다. 지금도 영업하는 '왕자관'이라는 중국집도 인기 높은 맛집이었다. 1945년 문 연 이곳에서 처음 탕수육과 짜장면을 먹었을 때를 아직도 잊지 못한다.

1970년대 충장로에는 양복점과 양장점이 많았다. 결혼 날짜를 잡으면 가장 먼저 이곳에 들러 예복을 맞췄다. 사진은 1981년의 충장로 5가 풍경.

태평극장에서 〈벤허〉라는 영화를 보고 왕자관에서 식사를 했었다.

    대학생이 되어 자주 갔던 곳은 서점과 경양식집이었다. 충장로에 광주의 오래된 서점인 나라서적과 삼복서점이 있었다. 중요한 책들은 모두 이 두 서점에서 구했다. 대학 교재는 학교 구내서점에서 사고 인문사회과학 책은 학교 앞 황지서점이나 청년글방에서 구했지만 인문학이나 신간 도서들은 시내에 나가야 구경할 수 있었다. 교보문고가 들어오기 위해 건물까지 지었지만 시내 서점상들의 반대로 들어오지 못했다. 삼복서점도 나라서적도 문을 닫은 뒤 충장서점이 잠시 그 역할을 했지만 그마저 문을 닫자 충장로에서 서점은 영영 사라졌다. 대학 주변의 다방과 달리 시내에는 분위기 좋은 커피숍과 경양식집도 많았다. 연애할 때 즐겨 드나들던 돈까스집과 충장커피숍도 광주우체국 근처에 있었다. 게다가 무등극장 · 제일극장 · 태평극장 · 현대극장 · 화니백화점(1977) · 가든백화점(1986) 등이 있어 사람들이 몰릴 수밖에 없었다. 특히 크리스마스나 연말이 되면 충장로는 젊은 사람들이 몰려나와 북새통을 이루었다.

    충장로 상권은 충금지하상가 · 금남지하상가 등이 조성되어 의류, 화장품, 제화, 장신구 상가가 이전하면서 약화되었다. 송원백화점(광주역) · 롯데백화점(계림동) · 신세계백화점(광천동)이 문을 열어 인구가 분산되기도 했다. 상무지구와 첨단지구라는 신도심이 형성되고 전남도청이 무안군으로 이전하면서 더욱 빛을 잃었다. 하지만 그 저력은 아직 남아 있다. 주말 낮 시간에는 어느 지역 못지 않게 많은 사람이 모여든다. 옛 영화를 되찾기 위해 충장축제도 열고 있다.

광주송정역과 역사를 같이 한

# 송정역시장

"우리 열차는 잠시 후 광주송정역에 도착합니다. 내리실 문은 왼쪽입니다. 두고 내리는 물건 없이 가시고자 하는 목적지까지 안녕히 가십시오."

서울을 출발한 열차는 광주송정역 혹은 목포역이 종착지다. 쏟아져 나온 승객들 중에는 길 건너 시장에서 국밥이나 막걸리로 목을 축이는 사람도 많다. 일을 보고 서울로 올라가기 전 잠깐 짬을 내어 시장을 찾는 사람들도 있다. 광주송정역과 송정역시장은 뗄 수 없는 관계가 되었다.

광주송정역은 송정동 1003번지 일대에 자리 잡았다. 1913년 10월 1일 나주~송정리 간 호남선이 개통되면서 '송정리역'으로 간판을 달았다. 익산~목포 간 호남선은 1년 뒤인 1914년 개통했다. 1988년 송정시가 광주직할시로 편입되고 나서도 송정리역이라는 이름은 유지되었다. 하지만 많은 외지인과 외국인들이 송정리역이 광주에 있다는 사실을 모르고 불편해하자 2009년 4월 '광주송정역'으로 이름을 바꾸었다. 지금은 서울역, 용산역, 행신역에서 출발한 고속열차가 정차하고 호남선과 광주선, 경전선 열차가 운항한다.

송정이라는 명칭은 '소나무가 우거진 강가'에서 비롯되었다. 황룡강과 영산강이 만나 만든 넓은 삼각주는 논이 되고 밭이 되었다. 조선시대 전국의 호수와 인구수를 기록한 책인《호구총수》에 송정촌이라는 마을이 나온다. 벼농사와 시설원예가 발달했다. 요즘 이전 논란이 일고 있는 광주공항을 중심으로 남북으로는 목포와 서울을 연결하는 호남선이 닿고 동서로는 목포와 부산을 연결하는 경전선이 지나간다. 국도 1호선과 도시지하철도 광주송정역도 이곳을 지난다.

송정리역 개설을 전후해 송정동에 일본인이 들어오기 시작했다. 가장 먼저 정착한 사람은 요시다 세이소이며 이후 고지현과 나가사키 등지에서 일본인이 들어왔다. 이들은 조선인을 상대로 잡화상을 시작하며 송정리역 일대에 자리를 잡고 재송일본인회를 조직했다. 해방 후에는 송정리역이 군 수송역이 되어 입대자, 휴가자, 전역자를 수송하는 '상무호'라는 군용 열차를 운영했다. 송정리역과 맞은편 시장 사이에 홍등가도 형성되었다.

광주송정역에서 명동으로 이어지는 길목에 송정역시장이

있다. 명동은 광산군 시절 번화했던 도심으로, 서울 명동에 비유해 붙여진 이름이다. 송정면사무소, 경찰서, 주재소가 있었고 상가, 여관, 요정 등을 운영하는 일본인이 많이 살았다. 광복 후에는 군청, 교육청, 경찰서, 농협 등 관공서가 들어섰다.

송정역시장은 1913년 송정리역 개통과 함께 '매일송정역전시장'으로 출발했다. 기차 승객을 대상으로 국밥 등을 팔면서 장사했다. 대형마트의 등장과 함께 쇠락의 길을 걷던 시장은 2015년 KTX 개통을 계기로 변신을 시도, 2016년 4월 '1913송정역시장'으로 이름을 바꾸고 재개장했다. 2014년 지역경제 활성화를 모토로 정부와 대기업이 함께 추진한 '창조경제혁신센터'의 결과물이기도 하다. 103년의 전통을 강조하기 위해 이름에 처음 생긴 연도를 넣은 것이다.

송정역시장은 1913년 송정리역 개통과 함께 '매일송정역전시장'으로 출발했다.

100여 년간 자리를 지켜온 36개의 상점을 리모델링했다. 1985중앙통닭, 1959호남상회 등 문을 연 해를 동판에 새기고 간판을 달았다. 간판 글씨, 가게 형태, 가게 색상 중 하나는 반드시 남겨두도록 해 옛 정취를 살렸다. 또 청년 상인 17곳이 입점해 시장 활성화를 이끌었다. 전통과 현대, 중장년과 청년이 어울릴 수 있는 공간으로 재구성한 결과 국밥과 빵, 양조장과 카페, 닭과 맥주, 라면과 막걸리 등 대조적인 아이템들이 어울려 인기를 끌었다. 열차를 기다리는 동안 먹고 마시고 장보고 사진 찍고 산책하며 즐겁게 시간을 보낼 수 있는 최고의 공간으로 변신한 것이다.

최근 코로나19로 청년 입주자들의 점포가 하나둘 문을 닫고 있다. 필자가 자주 들르는 통닭집 주인은 "코로나 끝나면 오겠다며 짐을 싼 청년들을 보면 안타깝다"고 말했다. 열차 승객들이 내리지도 않고 시장에 들르지도 않으니 임대 안내판을 내건 점포만 늘어간다는 얘기다. 해가 바뀌었으니 코로나 없는 세상을 다시 기대해볼 일이다.

뜨거운 삶의 현장

# 전통시장

《동국문헌비고》에는 광주의 시장에 대해 '큰장은 2·7장 (공수방장), 작은장은 4·9장(부동방장), 서창장은 5·10일, 대치장은 3·8일, 선암장은 2일에 월 3회'라고 소개했다. 지도군수로 부임한 오횡묵은《지도군총쇄록》에 큰장을 '인파가 마치 바다와 같고 장옥의 수를 헤아릴 수 없었다'고 표현했다. 1896년 9월 11일 전남관찰부에 업무보고를 하기 위해 지도군에서 배를 타고 서창을 통해 광주로 들어오면서 보았던 광경이다. 큰장과 작은장은 광주천 불로동과 양동 인근에 있었는데 일제의 하천 정비공사와 상설시장에 밀려 사라졌다. 선암장은 황룡강변 선암역에 있던 장이다. 광주천에 있던 두 장은 양동시장을 낳고 선암장은 송정장으로 이어졌다.

## 전통시장 대표, 양동시장

1872년 〈전라좌도광주목지도〉를 보면 읍성 밖 천변을 따라 큰장과 작은장이라 부르는 장시 두 곳이 표시되어 있다. 다른 지역에서도 그랬지만 이 장터는 광주만세운동의 진원지였다. 〈조선총독부 관보〉(1924.1.15.)에는 두 시장을 '교사리'로 이전한다고 했다. 교사리는 광주공원 인근 마을이다. 이전 이유는 사직공원 앞에서 양동시장까지 약 2킬로미터에 이르는 하천을 직선화하는 공사 때문이었다. 이전한 시장을 '교사리시장'이라 불렀다. 이전 시기는 자료마다 달라 특정할 수 없지만 1920년대 말에서 1930년대 초반으로 추정한다.

이후 이곳이 광주읍 '사정'에 편입되어 '사정시장'이라 불렀다. 광주읍에서 관리해 '읍영시장', 광주부로 승격되면서 '부영시장'으로 불리기도 했다. 연중 개장하는 상설시장으로 계획했지만 사람들이 오일장이던 큰장(2, 7)과 작은장(4, 9)에 익숙해 있었기에 그 날만 제대로 시장 형태를 갖추었다. 일제는 구불구불한 광주천을 바로잡고 둑을 쌓는 하천 정리사업을 진행한다는 명목으로 큰장과 작은장을 폐쇄시켰다. 하지만 숨은 이유는 사람이 많이 모이는 장소가 싫었던 것이다. 일제강점기 광주의 독립만세운동도 작은장날에 이루어졌다.

광주신사가 전남도사로 승격되면서 사정시장은 1942년 천정공설시장으로 이전, '천정시장'으로 불렸다. 그러나 도심에서 떨어져 있고 전쟁으로 시장 운영이 어려웠다. 해방 후 일본 명칭인 천정시장 대신 양동시장이라는 이름으로 바꾸었다. 1969년까지 공설시장으로 운영하다 그해 12월 민영시장으로 전환한다. 그 후 복개상가 형성(1972), 농협 공판장 개설 (1973), 양동시장주식회사 법인 설립(1973), 수산물도매시장 (1975)으로 발전했다. 1990년대 광주에 대규모 농산물도매시장이 만들어지고 유명 백화점이 개점하면서 양동시장이 위기를 맞았다. 대형 할인점까지 생기자 시장 상인들은 직원 수를 줄이거나 임대운영 방식으로 바꾸었다. 현재 양동시장은 복개상가 · 수산시장 · 닭전길시장 · 산업용품시장 · 건어물시장 · 경열로시장 등에서 1090개 점포가 운영 중이며 남평 · 담양 · 장성 등 광주 근교권을 아우르는 중앙시장이자 도매시장 역할을 한다.

양동시장의 대표 품목은 수산시장의 홍어전이다. 홍어 때문에 수산시장의 명맥이 이어지고 있다고 해도 될 정도다. 영

양동시장의 대표 품목은 수산시장의 홍어전이다.

광에서 생선 장사를 했던 장모님도 홍어만큼은 가까운 남광주
시장을 두고 꼭 양동시장으로 달려갔다. 반 마리씩 팔던 것을
소포장, 썰어 팔기, 택배 등으로 변화시킨 곳이 양동시장의 유
명한 홍어전문집 해풍상사였다. 지금도 홍어집이 70여 곳이나
있다. 산 닭을 직접 잡아 파는 닭전머리는 통닭으로도 유명했
다. 해태타이거스 야구시합이 열리는 날이나 소풍날이면 긴 줄
을 섰다. 지금도 몇 집은 성업 중이다.

양동시장 입구에는 광주민중항쟁 사적비와 주먹밥을 상징
하는 조형물이 나란히 서 있다. 시장에서 장사하던 어머니들은
당시 계엄군에 쫓겨 시장으로 뛰어들던 자식 같은 아이들을 셔
터를 내려 보호하고, 주먹밥을 만들어 시위대에 제공했다. 장
사를 하지 못해도 문을 열고 앞치마를 두르고 솥을 걸고 밥을
지어 주먹밥을 만들었다. 광주 음식이자 공동체정신의 상징이
된 주먹밥은 그렇게 시장에서 탄생했다.

### 기차는 떠났지만, 남광주시장

호남선에 송정역시장이 있다면 전라선에는 남광주시장이
있다. 2000년 여름 마지막 열차가 남광주역을 떠난 후 역은 문
을 닫았다. 이제 남광주역은 없고 남광주시장만 남았다. 남광
주시장은 도심과 가까워 충장로에서 걸어가기 좋고 시내버스
는 물론 지하철역도 있어 이동하기 편하다.

남광주시장은 역사가 짧다. 1930년대만 해도 지금의 시장

은 물론 순환도로 너머 아파트단지(무등산아이파크)에 이르기
까지 모두 철도용지였다. 1970년대 초반 철도용지 중 역 주변
을 임대한 송씨가 상인에게 재임대하면서 시장이 만들어지기
시작했다. 아침 열차가 역으로 들어오면 역전에 과일과 생선을
펼쳐놓고 팔았다. 이후 박씨가 1974년 철도청으로부터 그 부
지를 매입해 광주시에 시장으로 등록했다. 공식적으로는 1975
년 남광주시장이 개설되었지만 그 이전에 이미 점포들이 있었
고 어물전도 20여 곳이 운영 중이었다.

점포 수나 규모로 보면 양동시장은 물론 말바우나 대인시
장보다 작지만 어물전만큼은 남광주시장이 최고다. 신선하고
다양하다. 여수 · 순천 · 벌교 · 고흥 등 전라남도 동부권의 갯
벌과 바다에서 건져온 싱싱한 해산물은 철철이 전라선을 통해
남광주역에 보따리를 풀었다.

1970년대에 시작된 남광주시
장은 역사와 규모가 다른 시
장에 뒤지지만 신선하고 다
양한 어물전만큼은 최고로
쳐준다. 사진은 1974년의 남
광주시장.

필자도 해마다 몇 차례씩 남광주시장의 선어집에 들른다. 봄에는 병어, 여름에는 민어나 준치, 가을에는 전어 그리고 겨울에는 삼치를 맛볼 수 있다. 병어회 한 접시에 막걸리 한잔이면 행복하다. 추석 명절을 앞두고 가족들과 먹을 전어회를 마련하는 곳도, 설 명절을 앞두고 꼬막과 굴을 준비하는 곳도 남광주시장이다. 지금 남광주시장에서는 300여 개의 점포와 50여 개의 노점이 영업 중이다. 그중 수산물 가게가 90여 개로 단연 많다.

### 예술과 장사의 딜레마, 대인시장

대인시장이 가장 번창했던 시기는 광주버스터미널이 대인동에 있을 때였다. 1996년 터미널이 광천동으로 이전하면서 대인시장도 생기를 잃었다. 이를 극복하기 위해 마련한 대안이 2008년 광주비엔날레를 계기로 예술인들이 모여 만든 복덕방 프로젝트* 사업이다. 그 후 문화예술을 활용한 재래시장 활성화 방안이 모색되었고 2013년 문화관광형 시장으로 선정되면서 '대인예술시장 프로젝트'로 이어졌다. 문화체육관광부의 지원을 받아 예술작품의 전시와 경매를 시장에서 시도하면서 '대인예술시장'이라는 이름을 얻게 되었다. 2018년에는 한국관광공사가 선정한 '한국 관광의 별'에 광주에서 처음으로 선정되

●    대인시장 빈 점포를 예술가들의 전시공간으로 활용한 프로젝트.

문화예술을 활용한 재래시장
활성화 방안으로 대인예술시
장이 탄생했다.

었다. 이후 야시장 '별장'을 시도했다.

대인예술시장 프로젝트를 진행할 때 대인시장작가협회에
등록한 작가가 140여 명이었지만 2015년 33명으로 줄고 지
금은 다섯 손가락으로 꼽을 만큼 줄었다. 시장 입주작가 역시
한때 30여 명에 이르렀으나 지금은 몇 안 남았다. 야시장이 인
기를 끌면서 장사는 예전보다 나아졌지만 예술인은 멀어졌다.
그마저 코로나로 야시장의 개점 휴업이 불가피하게 되자 대인
시장은 다시 예술시장으로 방향을 틀었다. '아시아문화예술 활
성화 거점 프로그램'●에 따라 광주 지역 예술가들의 작품과 수
제품 셀러들의 상품을 홍보 판매하는 '아트컬렉션샵 수작', 작
은 점포를 갤러리로 이용하는 '한평갤러리', 비어 있는 점포를
임대해 특별기획 전시를 여는 '별별상상정원' 등이 운영되었

● 대인예술시장과 궁동 예술의 거리를 창작과 유통이 어우러진 문화예술 특화공간으
로 조성, 도심재생 및 활성화를 도모하는 사업.

다. 문화와 예술이 시장과 만나는 가장 이상적인 모델을 찾기 위해 대인시장은 오늘도 실험 중이다.

## 오일장의 명맥을 잇는 말바우시장

말바우시장은 광주의 동쪽, 동광주 IC와 접해 있다. 1968년 서방시장 주변의 노점상들이 말바위 인근으로 모여들면서 시장이 만들어졌다. 담양·곡성·구례로 가는 시외버스가 쉬는 곳이라 찾는 사람도 많았다. 시장이 갖춰지자 계림시장이나 양동시장에서 들어오는 상인들도 생겨났다.

시장은 일반 주택을 개조한 400여 개의 점포와 다수의 노점상으로 이루어져 있다. 노점상은 많을 때는 600여 명, 보통 300~400명 정도 된다. 상설시장과 오일장이 혼합되어 상인들은 장날에 맞춰 송정장과 말바우장을 오가며 장사를 한다. 말바우장은 큰장 2일과 9일, 작은장 4일과 9일에 열린다. 송정장은 3일과 8일이다.

말바우시장은 등록되지 않은 간이시장의 성격을 띠고 있기에 장세를 걷거나 건물을 지을 수 없다. 노점상들에게는 쓰레기 청소비로 300~500원을 걷는다. 노점상이 활발한 이곳에서 좋은 자리를 잡기 위해 시골 할머니들은 장날이면 새벽같이 나와 노점에서 눈을 붙이기도 한다. 버스정류장과 함께 있다 보니 혼잡해서 단속이 심해지기도 했지만 광주권 재래시장 중 품목의 다양성으로는 단연 으뜸이다.

민주화운동의 성지
# 전남대학교

1980년 5월의 광주민주화운동도 1987년의 6월항쟁도 전남대학교 정문에서 시작되었다. 엄혹한 군사정부 시절 횃불을 올린 사람들은 교수들이었다. 전남대학교는 광주·전남 지역에서만 아니라 전국 대학가에 전설로 남을 굵직한 민주화운동을 주도했다.

전남대학교는 1951년 10월 6일 설립인가를 받고 1952년 1월 1일 광주농과대학, 사립 대성대학, 도립 목포상과대학, 도립 광주의과대학 등 4개의 단과대학으로 출발했다. 이어 1970년대 사범대학, 1980년대 자연과학대학, 치과대학, 경영대학, 약학대학, 예술대학 등으로 확장했다. 캠퍼스는 크게 광주캠퍼스와 여수캠퍼스로 나뉜다. 광주캠퍼스는 용봉캠퍼스(본교)와 학동캠퍼스(의과대학)가 있고 여수캠퍼스는 둔덕캠퍼스, 국동캠퍼스(해양실습 교육시설), 삼동캠퍼스가 있다. 그리고 화순에 위치한 의과대학 화순캠퍼스에 암 특성화병원인 화순전남대병원이 있다.

전남대 본교는 캠퍼스가 아름답기로 유명해서 멀리서 산책 오는 사람도 많다. 특히 후문과 접한 연못 용지 주변은 봄이면 벚꽃이 흐드러지게 피고 여름이면 녹음, 가을이면 낙엽이 어우러져 데이트하는 사람이 많다. 정문에서 본관으로 들어오는 길 양쪽에 늘어선 아름드리 메타세쿼이아 길과 후문의 플라타너스 길이 으뜸이다. 농과대학의 숲도 가을 단풍이 아름답다. 전남대학교를 대표하는 용봉축제는 가을에 개최되는데 학교축제를 넘어 지역축제로 많은 사람이 찾는다.

전남대학교의 도서관 앞 광장은 도청 광장과 함께 민주주의를 상징하는 장소다. 학생회관, 식당, 도서관 등을 마주보고 있어 많은 사람이 오가는 곳이다. 교내의 각종 집회와 행사 그리고 대외 연대활동이 이곳에서 이루어진다. 1980년대 사복 경찰들이 상주하던 시기에는 여기서 기습시위가 열리곤 했다. 유인물을 하얀 도서관 건물(백도라고 함) 옥상에서 뿌리면 학생들이 구호를 외치며 광장으로 진출했다. 그러면 학생 수보다 많은 사복 경찰들이 사과탄을 던지며 나타나 학생들을 체포해 갔다. 1990년대 김영삼 정권이 등장하기 전까지 대학의 시위는 이렇게 이루어졌다. 전남대는 오월대, 조선대는 녹두대라는 사수대를 조직해 대응했다. 광주·전남 지역에는 남총련이라는 지역 조직이, 전국에는 전대협이라는 중앙 조직이 학생운동을 이끌던 시절이다. 전대협 대표를 전남대 총학생회장이 맡는 일도 많았다.

전남대학교 정문과 후문을 중심으로 서점과 카페, 식당이 자리 잡았다. 1977년 계림동에 광주 최초의 사회과학 서점인 '녹두서점'을 민청학련 사건*으로 구속되었던 김상윤이 열었다. 4년이라는 짧은 기간이었지만 유신독재 암흑기에 학생, 시민, 노동자들이 모여 새로운 세상을 꿈꾼 유일한 공간이었으며 광주항쟁 지도부와 운동 방향을 논의하는 등 광주·전남 지역 사회운동에 큰 영향을 주었다. 1980년대 이후 1990년대 초반까지 황지서점, 청년글방 등 많은 사회과학 서점이 운영되었고 독서 동아리도 많았다.

전남대학교 교정에는 '민주길'이라는 이름의 산책로가 있다. 교내 민주화운동의 정신·인물·장소 등 11개의 기념 공간을 3개 동선으로 연결하여 '정의의 길'(1.7킬로미터), '인권의 길'(1.8킬로미터), '평화의 길'(1.5킬로미터)로 만든 둘레길 같은 코스다.

정의의 길은 5·18사적지 1호인 '전남대 정문'에서 시작하

* 전국민주청년학생총연맹 사건. 유신 철폐 등 독재에 항의하는 시위가 거세지자 정부는 1974년 4월 관련자 180여 명을 '불온세력의 조종을 받아 국가를 전복시키고 공산정권 수립을 추진했다'는 혐의로 구속·기소한다. 2009년 9월 재판부는 이 사건에 대해 무죄를 선고했다.

여 박관현 언덕, 윤상원 숲, 김남주 뜰, 교육지표마당, 벽화마당, 전남대 5·18광장, 박승희 정원, 용봉관(옛 본부)을 지나 정문으로 돌아간다. 정문에는 2016년 조성한 민주공원이 있다.

평화의 길은 전남대 5·18광장에서 출발해 평화쉼터, 윤한봉 정원을 지나 윤상원 숲에 이르는 코스다. 윤한봉은 전남대학교 축산학과 재학 중 1974년 민청학련사건(15년형)으로, 그

전남대의 옛 본관이었던 용봉관은 국가지정문화재로 등록되었다.

전남대학교 본교는 캠퍼스가 아름답기로 유명해서 멀리서 산책 오는 사람들이 많다. 사진은 전남대 대강당 앞에 만개한 홍매화.

리고 1976년(1년 6개월형)과 1979년(집행유예) 긴급조치9호 위반으로 세 차례 구속되었다. 5·18민중항쟁 주모자로 수배되었다가 1981년 4월 미국으로 망명, 민족학교와 재미한국청년연합을 설립했다. 1987년 공식적인 미국 정치망명자 1호가 되었다. 1993년 12년만에 수배가 해제되어 광주로 돌아올 때까지 줄곧 광주항쟁을 미국과 유럽에 알리고 피해자와 유가족을 돕기 위한 모금활동을 펼쳤다. 귀국한 뒤에는 5·18기념재단 설립을 주도하고 들불열사 기념사업회를 만들어 초대 이사장을 맡았다.

인권의 길은 국가의 폭력에 죽음으로 저항했던 오월열사들을 기리기 위해 조성한 정원이다. 추모의 벽에는 한국 민주주의를 위해 목숨을 바친 열사의 이름과 이력을 새겼다. 전남대에 '민주화의 성지'라는 이름을 수여할 수 있게 한 분들의 뜻을 계승 발전하기 위해 조성했다.

도심재생의 원조

# 푸른길공원

　요즘 구도심은 물론 농촌과 어촌 심지어 섬까지 재생 바람이 불고 있다. 그 내용과 방법도 다양하다. 좋은 결과를 내는 곳도 있지만 반대로 하지 않은 것만 못한 사례가 더 많다. 이를 보면 광주의 '푸른길공원'이 떠오른다. 푸른길은 도심을 가르는 옛 철도(경전선)를 이설하면서 생긴 폐부지를 도보자와 자전거를 위한 길로 만든 곳이다. 철도 이설과 도로 조성 과정을 시민 주도로 진행해 주목을 받았다. 지금도 푸른길을 모니터링하고 프로그램을 운영하는 일은 민간단체에서 하고 있다.

　푸른길은 경전선 광주역에서 남광주역을 지나 효천역까지 이어진다. 동구의 계림동·산수동·지산동·동명동·서석동·학동을 지나고 남구의 방림동·백운동·주월동·진월동에 이른다. 주변에는 담양·화순·나주 등 광주 인근 농촌에서 유입된 사람들이 모여 사는 저층 주택이 밀집해 있었다. 40

여만 명에 이르는 이 지역 주민들은 1990년대 중반까지 철도 소음에 시달렸다. 도심철도 이설 문제가 공식적으로 논의되기 시작한 것은 1988년 6월 '도심철도이설추진위원회'가 만들어지면서부터다. 하지만 본격적인 움직임은 1990년대 중반 교통 혼잡, 인명 및 차량 사고, 재산권 피해 등을 호소하는 주민들의 서명운동이 시작되면서부터 있었고 1995년 공사를 시작했다.

이때부터 폐선 부지의 활용을 놓고 광주광역시와 시민들 사이에 다양한 논의가 진행되었다. 광주시는 경전철을 개설할 계획이었고 시민사회단체는 '푸른길 가꾸기' 사업을 제안했다. 1999년 6월 '푸른길가꾸기시민회의'가 창립되어 다양한 시민 참여운동이 전개되었고 2002년 5월 폐선 부지는 근린공원 조성으로 결정되었다.

2004년 5월 조선대~남광주역으로 이어지는 '필문로구간'(535미터)이 완공된 데 이어 광주천~백운광장 '대남로구간'(1.76킬로미터), 백운광장~동성중 '진월동구간'(2.4킬로미터), 광주역~조선대 정문 '동구구간'(2.88킬로미터)이 모습을 드러냈고, 옛 남광주역 플랫폼(320미터), 광주대 구간(175미터) 등 총 7.9킬로미터의 숲길이 2013년에 완공되었다. 푸른길 가꾸기 사업이 10년 넘게 이어진 이유는 행정 주도로 일사분란하게 사업을 추진하지 않고 시민, 기업 등 민간단체가 주체가 되어 주민참여 방식으로 진행했기 때문이다. 첫 구간은 광주의 한 건설사가 기탁 의사를 밝혀 사업을 추진했고 시민들은 '푸른 길100만헌수운동'에 동참해 내 나무 한 그루씩을 푸른길공원에 심었다. 2012년에는 (사)광주푸른길가꾸기운동분부라는 민간단체가 조성되어 활동에 나섰다. 시민들이 심은 느티나무·팽나무·이팝나무·회화나무 숲 곳곳에 기업과 단체가 기증한 벤치와 정원이 자리 잡은 모양새다.

이후 마을과 사람과 숲을 잇는 푸른길 철학으로 남광주역 플랫폼에 방문자센터를 세우고 도서관, 갤러리, 커뮤니티 공간도 마련했다. 시민들의 재능기부와 자원봉사로 공원에서는 작은 음악회가 열리고, 보름날에는 쥐불놀이를 한다. 도심을 띠처럼 두르고 광주의 허파 역할을 하는 푸른길공원에 앉아 지나

옛 철도가 이설되면서 생긴 폐부지를 도보자와 자전거를 위한 '푸른길'로 만들었다.

는 사람들을 바라보면 성공한 도심재생이 주는 여유와 평화를 느낄 수 있다. 하지만 푸른길은 완성된 길이 아니라 현재진행형이다. 앞으로 어느 시민이, 어느 단체와 기업이 더 참여하고 어떤 예술가가 재능을 기부할지 알 수 없기 때문이다.

광주의 경리단길
# 동명동

광주는 몇 개의 지구로 나뉜다. 최근 형성된 첨단지구·상
무지구·일곡지구가 있고, 신도시에 속하는 문흥지구·화정지
구·금호지구, 그리고 광주의 강남으로 꼽히는 봉선지구가 있
다. 이렇게 '지구'라는 이름표를 달고 있는 곳은 신도심에 속한
다. 구도심은 광주천을 끼고 내려오는 학동·남동·금동·충
금동·금남동·유동·양동, 그리고 도심인 동명동·계림동 등
이다. 한때는 번화가였던 곳들이다.

이 중 대표적인 구도심이 동구의 동명동이다. 충장로나 금
남로와는 떨어져 있지만 걸어서 갈 만한 거리다. 밭과 묘지가
대부분이던 이곳에서는 무등산에서 흘러내린 동계천의 물을
이용해 쌀농사를 지었다. 서쪽으로는 제봉로를 사이에 두고 충
장동과 광주천이, 동쪽으로는 도심순환도로를 경계로 지산동
과 무등산이 자리 잡고 있다. 도심과 가깝지만 외곽으로도 쉽
게 빠져나갈 수 있는 위치다.

조선시대 읍성의 동문 밖에 있어 '동밖에'라고 했고, 동쪽 하천이라 해서 '동계천'라고도 불렀다. 동계천은 무등산의 장원봉과 향로봉 사이 계곡을 흐르는 물이 보리밥집이 많은 지산동과 동명동을 지나 계림시장 앞으로 해서 전남대 정문, 무등경기장(현 광주기아 챔피언스필드)에서 광주천과 합류해 영산강으로 흘렀다. 전남대학교 수목원으로 들어가는 일명 농대 후문 앞까지 복개가 이루어져 그 흔적은 찾기 어려워졌다.

일제강점기에는 동정이라 불렀고 해방 후 1946년부터 동명동이라 했다. 이곳에는 충신 정지(1347~1391)를 모신 경열사가 있었다. 옛 지명으로는 '농장다리'와 '나무전거리'라는 이름이 있다. 지산동 일대에 있던 광주교도소 재소자들이 일하는 농장으로 가는 길을 농장다리라 했다. 이 길은 경전철 도심 철도가 이설되고 푸른길로 조성되었으며, '푸른길 문화샘터'라는 폴리(Folly)* 작품으로 재탄생했다. 2011년 광주디자인비엔날레의 일환으로 설치되기 시작한 광주의 폴리들은 동구도시재생지원센터의 뒤편 '꿈집', 한옥을 식당으로 개조한 '쿡폴리' 등 도심에 활력을 불어넣는 문화관광 아이템이 되었다. 광주청년조합이 운영하는 카페와 바, 한식집들도 들어섰다.

나무전거리는 무등산에서 나무를 해 잣고개를 넘어 동문

---

● 　본래 의미는 기능을 잃고 장식적인 역할만 하는 건축물이지만 '광주폴리'는 기능과 볼거리를 함께 갖춘 도시재생 건축물로 기획했다.

밖이나 계림시장 인근에 모여 팔던 데서 비롯된 이름이다. 현재 목재상이 모여 있는 계림동 일대를 말한다. 지금은 외곽으로 이전했지만 광주역을 지나는 경전철의 통로여서, 도심 가까운 곳에는 고급 주택이 들어서고 철로변에는 달동네가 늘어서는 등 빈부격차가 컸다.

2000년대 입시교육이 과열되면서 도심이지만 인적이 많지 않고 상가가 형성되지 않았던 동명동에 학원들이 들어섰다. 금남로나 제봉로 예술의 거리 등 도심 복판에 있던 학원들은 1980년대 학원금지 조치 이후 모습을 감췄다가 동명동으로 모여들었다. 교육열이 높은 부모들은 근처에 차를 세워두고 아이의 과외가 끝날 때까지 인근 카페에서 기다렸다. 덕분에 카페가 하나둘 생겨났다. 여기에 기름을 끼얹은 것이 2015년 국립아시아문화전당의 개관이다. 카페뿐 아니라 레스토랑과 술집도 생겨났다. 도심에 남아 있는 단독주택을 대상으로 도심재생 사업이 추진되자 문화예술이 접목된 카페, 레스토랑이 늘어났다.

동명동 골목길을 걸어보자. 걷다가 배가 고프면 이태리 식당에서 점심을 먹고 저녁은 막걸리에 파전도 좋다. 단독주택의 담을 헐고 마당을 이용해 일반 카페보다 여유롭고 자연친화적인 카페가 많다. 동명동 아래 계림동에 모여 있던 헌책방들이 문을 닫은 뒤 동명동에 개성 넘치는 소규모 책방도 들어서고 있다. 푸른길을 산책하거나 충장로나 금남로를 걸을 수도

있다. 아시아문화전당, 광주예술의거리, 대인시장, 남광주시장
이 지척이라 어느 곳이라도 걸어서 갈 만하다. 궁동에 있는 예
술의 거리는 서울 인사동과 같은 지역으로 화실과 전시관이 많
다. 차가 다니지 않아 편안하게 산책할 수 있는 도심이다. 거리
공연이라도 만나면 그건 덤이다. 지하철 아시아전당역과 가까
워 KTX를 이용해 광주송정역에서 30분이면 도착할 수 있는
동명동을 요즘은 '광주의 경리단길'로 부른다.

청년과 주민의 만남

# 청춘발산마을

　무등산에서 시작해 양림산 · 월산 · 제봉산을 따라 흐르던 광주천은 용봉천과 만나는 지점에서 멈춘다. 그곳 언덕에 자리잡은 마을이 발산마을이다. 광주 서구 양동에 속한다. 작은 두 하천이 만나니 비옥한 땅을 만들고 낮은 구릉은 개간하여 채소를 심기 좋았다. 가까운 곳에 양동시장이 있고 큰 방직공장까지 있었으니 채소 장사를 하기도 어렵지 않았다. 가난한 사람들이 하천 주변에 집을 짓고 살기 시작했다. 한국전쟁 때는 피난 온 실향민들이 자리를 잡기도 했다. 전쟁으로 파괴되었던 방직공장이 전쟁 후 다시 가동되면서 전라남도 농어촌에서 많은 젊은 여성이 모여들었다. 1970년대 여공들의 기숙사나 마찬가지였던 발산마을은 방을 구하기 어려울 지경이었다. 한 집에 최소 3~4명씩 모여 사는 여공들이 3교대로 드나들었기 때문에 마을은 늘 북적거렸다.

　산골마을에서 태어난 필자의 막내 고모도 일신방직 공장

을 다녔다. 명절에는 조카에게 공책과 종이, 연필 등을 선물했
고 아버지에게는 귀하던 금성사 트랜지스터 라디오를 선물했
다. 조카가 중학교에 진학하자 책상과 의자, 교복을 사라며 돈
을 보내기도 했다. 당시 대부분 여직공들은 받은 임금을 고향
의 부모님에게 보내거나 동생들 학비로 사용했다. 가물가물한
기억이지만 면 소재지 교회를 열심히 다녔던 고모는 어느 날
갑자기 방직회사에 취직했고 그곳에서도 교회를 다녔다. 여직
공들이 다녔던 교회는 발산마을 맞은편에 지금도 남아 있다.

하지만 영화는 오래가지 않았다. 1980년대 나일론에 밀려
방직공장이 쇠퇴하기 시작하자 마을도 시들해졌다. 공장이 자
동화되면서 여공들이 떠난 뒤 발산마을은 빈집이 늘어나고 달
동네로 변했다. 커다란 교회와 골목골목 문을 닫은 슈퍼마켓과
양품점 등이 추억을 대신하게 되었다. 빈민촌의 상징이라는 여
론에 철거 대상으로 선정되기도 했다.

발산마을이 사라질 위기에 놓이자 젊은 지역예술인들은
2014년 마을미술 프로젝트를 기획했다. 그 내용이 문화체육관
광부, 한국문화예술위원회, 광주광역시가 공동 주관하는 '생활
공간 공공미술로 가꾸기 사업'에 당선되어 '별이 뜨는 발산예
술마을' 조성에 들어갔다. 청년과 주민이 힘을 모아 벽화를 그
리고 조형물을 세우고 도로를 정비하면서 마을공동체를 만들
었다. 별별잡기, 창조문화마을사업, 새뜰마을사업 등의 프로젝

'청춘발산마을'은 게스트하우스와 미술관 등 젊은 감각의 업종들이 들어서면서 광주의 핫플로 떠올랐다.

사라질 위기에 놓인 마을에 청년들이 들어와 빈집을 채우며 마을공동체를 만들고 있다.

트가 지속적으로 진행되었다. 사업을 진행하던 청년 일부는 빈집을 작업공간으로 임대하는 정책에 따라 아예 마을로 이사를 했다. 고령화된 마을에 청년들이 늘어나면서 '청춘발산마을'이라는 이름도 얻게 되었다. 젊은 사람들이 좋아할 카페와 빵집도 들어섰고 광주의 핫플로 떠올랐다. 예전에 여공들이 들어와 빈방을 채웠듯이 이제는 청년들이 들어와 빈집을 채우며 프로젝트를 실험 중이다.

도시공동체를 꿈꾼다
# 문산마을

매미 소리가 고속도로 소음을 삼켰다. 편백나무 숲 사이로
맥문동이 예쁘게 꽃을 피웠다. 곳곳에 시를 적은 나무판이 걸
려 있다. 산책을 하고 운동을 하고 사진을 찍고 의자에 앉아 쉬
고, 평일인데도 이용하는 사람이 많다. 문산마을 맥문동길 얘
기다. 고속도로 소음을 막기 위해 심었던 나무는 60~70년 수
령의 편백 숲을 이루었다. 숲을 가꾸고 산책길을 만들고 맥문
동을 심었다. 요즘에는 이곳에서 음악회, 그림 그리기, 시낭송
등 다양한 문화 프로그램이 진행된다. 문산마을공동체가 만들
어낸 성과물이다.

문산마을은 문흥1동·문흥2동·오치동 등 한 생활권으로
묶인 마을을 말한다. 도시 계획으로 아파트가 들어서기 전에는
제주 양씨와 김해 김씨가 모여 사는 농촌이었다. 주민들은 말
바우시장에서 같이 장을 보고 아이들은 같은 학교를 다녔다.
지금은 부지의 70퍼센트 이상 아파트와 상가가 들어서 옛 마

을 주민들도 줄었고 그 정취도 희미해졌다. 옛 정취를 지키면서 도시형 마을공동체를 만드는 것이 문산마을공동체가 꿈꾸는 목표다.

고민은 2010년부터 시작되었다. 과거 마을회관 같은 기능을 하는 주민 사랑방을 만들어보자는 제안으로 10여 명 주민이 모여 서로의 꿈을 듣고 이해해 마을공동체의 씨앗을 키우는 '꿈C프로젝트'를 조직했다. 주민들의 재능나눔 형식으로 '책과 미술놀이' '문학과 나' '누구나 아는 한국사' 등 교육 프로그램을 운영했고 몇 년의 준비기간을 거쳐 청소년수련관 안에 '햇살마루 작은도서관'을 열었다. 하지만 걸림돌이 생겼다. 등록된 단체가 아니면 행정적 지원을 받을 수 없다는 것이었다.

그렇게 4년에 걸친 마을공동체 활동을 바탕으로 2014년 '문산마을공동체'를 조직했다. 그리고 세월호, 박근혜 탄핵, 5·18광주민주화운동 기념행사 등에 참여했다. 마을공동체가 단단해질 수 있었던 이유 중 하나는 문산마을이 망월동 국립묘지와 가까워 '416(세월호)'과 '오월'로 이어지는 프로그램을 문산마을공동체가 추진했기 때문이다.

그 후 일상으로 돌아와 생활 중심 활동으로 전환했다. 관내 10개 학교와 '문산마을교육공동체'를 만들어 청소년을 위한 프로그램을 진행했다. 마을교육공동체 활동은 '학부모 대표자회의'를 통해, 마을과 학교가 함께 하는 프로그램은 '청소년 대표자회의'를 통해 의견을 수렴한다. 현재 에너지 전환, 자원 순환, 기후위기에 대응하는 금요 기후행동과 NO 일회용품전 등을 진행하고 있다. '마을길학교'와 '어깨너머학교'를 운영하는 '온마을학교'도 시작했다. 코로나19로 외부활동을 마음껏 하지 못하는 아이들에게 동네 자연과 노는 방법을 알려주고 바느질, 요리, 텃밭 가꾸기, 텃밭 인문학 등을 가르치는 프로그램이다. 문산마을공동체 김희련 대표는 "학생은 청소년 복지나 돌봄의 시혜자가 아니라 마을 주민이라는 시선으로 접근하는 것이 중요하다"고 강조한다.

문산마을공동체는 '광장의 배움터'와 '놀계(잘 놀게 계획단)'를 중심으로 움직인다. 공식적인 논의광장인 '광장의 배움터'는 1년에 4개 프로그램을 진행한다. 5월에는 인권을 주제로 마을문화제를 열고 8월에는 평화와 통일, 10월에는 마을, 12월에는 총회를 주제로 행사를 연다. 비슷한 생각을 가진 또래모임 성격의 '놀계'는 주민들의 고민을 서로 응원하고 지원한다. 2020년 5월, 코로나19로 모든 것이 멈추었을 때 놀계는 당산나무에서 망월동까지 두 시간을 걷는 '오월길 걷기'를 제안했다. 가족끼리 거리두기를 지키며 걷는 프로그램은 주민들에게 새로운 힘이 되어주었다. 요즘 문산마을공동체는 프로그램에 참여했던 학생들이 훗날 교육을 마치고 마을로 돌아와 민주시민의 도시공동체를 완성하는 희망도 키우는 중이다.

전국 유일 단관극장
# 광주극장

    우리나라 최초의 극장은 1895년 인천에 문을 연 애관극장
이다. 이어 1903년 한성에 단성사가 개관했다. 광주극장은 이
들 극장보다 늦은 1935년 문을 열었다. 하지만 일제강점기부
터 지금까지 운영 중인 국내 유일한 단관극장이다.

    광주 최초 영화관은《1910 식민시대의 영화검열 1934》
(한국영상자료원, 2009)에 1927년 활동사진 상설관으로 기록된,
일본인 구로세가 설립한 광남관이다. 중외일보(1930.4.2.)에는
'광주학생사건운동으로 다사다난한 광주시민대중을 위로코저
광남관에서 광주시민위안영화대회를 개최'한다는 기사가 실렸
다.《역사와 삶》(광주시립민속박물관, 2014)에는 광남관이 이후
제국관으로 바뀌었다고 했다. 이 제국관이 공화극장, 동방극장
그리고 무등극장으로 이어진다. 해방 전후에 광주에는 제국관
과 광주극장이 있었다.

광주극장은 한국인이 광주에 세운 최초의 극장이다. 1933년 법인을 설립하고 1935년 10월 1일 개관했다. 설립자 유은 최선진은 1921년 광주보통학교로 출발하여 광주상고·광주여자상업고등학교·광주동성중학교·광주동성여자중학교 등을 아우르게 된 사립학교법인 '유은학원'의 설립자이기도 하다. 유은은 땅을 많이 가지고 있었고 장사 수완도 좋아 벼와 목화를 서울과 지방에 팔고 멀리 제주도에도 장사를 했다. 사업

1935년 문 연 광주극장은 일제강점기부터 지금까지 운영 중인 국내 유일의 단관극장이다.

이 번창하자 대인동에 큰 창고를 짓고 유통업을 확장해 일본까지 수출했다. 광주와 송정, 송정과 영광을 오가는 버스 노선도 운영했다. 이러한 부의 축적은 이후 '호남의 극장왕'으로 자리잡는 기반이 되었다.

당시 큰 도시에 한국인이 세운 극장은 서울 단성사, 광주 광주극장, 목포 목포극장 셋뿐이었다. 자본금 30만 엔으로 세운 광주극장은 2층 좌석에 면적 400평, 입장 정원 1200여 명으로 조선 최대 규모였다. 광주극장이 설립될 무렵 광주에는 양명사, 광주좌(고사옥), 제국관(광남관) 등에서 영화가 상영되었지만 양명사와 광주좌는 극장이라 하기 어려웠으며 모두 일본인이 운영했다. 제대로 영사실을 갖춘 곳은 제국관뿐이었다. 제국관에서는 만담가 신불출, 국악인 임방울, 가수 이난영의 초청공연이 열리기도 했다.

광주극장은 포목점과 양품점 등 조선인 상가가 모여 있는 충장로 4~5가의 중심에 문을 열고 첫 영화로 일본의 〈일상월상〉을 상영했다. 유은은 1937년 송정리와 강경읍에도 극장을 열었고 그의 아들 최동복은 목포에 평화극장을 운영해 극장 일가를 이루었다.


해방을 맞으면서 광주극장에서는 정치집회가 자주 열렸다. 1945년 8월 17일 조선건국준비위원회 전라남도위원회가 결성되어 최흥종 목사가 위원장을 맡았다. 같은 해 10월에는 광주·전남 국악인이 준비한 '해방기념 축하대공연'이 열렸다. 이 때 국악인 박동실이 작곡한 해방가가 공개되어 전국에 보급되었다. 1948년 10월 1일 김구 선생이 광주를 방문했을 때는 이곳에서 '남북통일국가 건설'을 역설했다.

1950~60년대는 극장 전성시대였다. 1950년대 신영·남도·태평·천일·계림·중앙 등의 극장이 생겼고 1960년대에는 제일·현대·문화·한일·동아·아세아 극장과 서민관이 문을 열었다. 대부분 충장로와 금남로 일대에 위치했다. 이렇게 많은 극장이 문을 연 데에는 영화에 대한 수요도 있었지만 '문화영화'라는 장르를 독재정권의 홍보수단으로 이용하려는 의도도 있었다. 영화 상영에 앞서 관객들은 전부 일어나 국기에 대한 경례를 하고 애국가를 들어야 했다. '대한뉴스'와 '문화영화' 상영도 극장의 의무였다.

광주극장에서 최고 인기였던 영화는 1961년 신상옥 감독이 만든 '성춘향'이다. 서울에서 대히트를 하고 곧바로 광주로 왔다. 영화를 보기 위해 관객들이 광주천까지 두 줄을 섰고 파출소에서 경찰관이 나와 정리를 했다. 호남에서 영화가 흥행하려면 우선 광주극장에서 성공을 거두어야 할 만큼 비중이 높아졌다. 덕분에 영화배우, 제작자, 감독들이 자주 내려왔다. 1968년 화재로 큰 위기를 맞았지만 2대 극장주 최동복은 선친의 유업이라며 주변의 만류에도 재건축을 했다. 이후 최환석, 최용선으로 가업이 이어졌다.

1960~90년대 광주극장은 호황을 누렸다. 유신독재를 위한 영화 제작이 강요되면서 영화의 질이 떨어지기는 했지만 1960~70년대는 간판실, 선전실, 영사실 등에서 일하는 직원이 40여 명에 이르렀다. 당시에는 필름이 귀해 인근 극장과 필름을 주고받으며 상영했다. 1980년대 30여 명, 1990년대 20여 명의 정직원이 근무했다.

1990년대 외환위기가 터지고 서울에서 시작된 극장의 멀티플렉스화는 곧 지방으로 확산되었다. 이 시기에 인근 유치원에서 광주극장을 학교보건법 위반 혐의로 교육청에 고발해 법적 다툼이 발생했다. 1965년 세워진 유치원이었다. 2003년 헌법재판소의 판결로 승소했지만 그 사이 극장 운영은 어려워졌고 직원도 3명으로 줄었다. 1999년 엔터시네마가 스크린 7개를 갖추고 충장로 5가에 문을 열었다. 광주극장도 학교보건법 사건이 터지기 직전 멀티플렉스로 전환할 계획을 세웠지만 기소된 극장은 증개축을 할 수 없다는 조항 때문에 실현할 수 없었다. 대신 예술전용상영관으로 방향을 정했다. 현재는 회원제로 운영하며 예술영화를 상영하고 있다.

광주극장을 이야기할 때 빼놓을 수 없는 인물이 간판쟁이 박태규다. 대학에서 미술을 전공한 그는 졸업 후 이슈를 담은 걸개그림을 그리다가 1991년 광주극장 홍영만 선생 밑에서 간판그림을 시작했다. 서울의 단성관을 비롯해 유명 극장에는 자체 미술부가 있어 간판을 직접 그렸다. 지금처럼 실사출력이 없던 시절에는 극장 미술부가 꽤 인기 높은 전문 영역이었다. 광주극장은 2002년까지 미술부를 운영했고 7명이 소속되어 간판을 그렸다. 지자체 홍보물이나 입간판, 안내판 등도 그렸다. 박씨는 미술부가 해체된 후에도 극장 한켠에 마련된 작업실에서 매년 한두 번 간판을 그렸다. 가장 기억에 남는 작품은 장기수 할아버지의 이야기를 다룬 〈송환〉이다. 그는 작업실이 사라지지 않는 한 극장 간판을 계속 그릴 생각이다.

광주극장은 회원제 예술영화
전용관으로 운영되고 있다.

제4부

# 남도의
# 맛과 풍류

남도 음식의 집합

# 한정식

광주 한정식은 여수부터 목포와 영광까지 남도의 물산이 광주로 모이면서 만들어진 전라도 밥상의 집합이다. 여수 장어, 고흥 유자, 벌교 꼬막이 전라선을 타고 목포 흑산홍어, 무안 세발낙지, 함평 한우가 호남선을 타고 광주로 온다. 그뿐인가. 남해 바다와 지리산의 산물이 섬진강을 타고 올라오고 섬과 갯벌의 바다맛이 영산강을 따라 올라온다. 온화한 기후로 겨울철에도 밭에는 배추, 파가 푸릇푸릇하고 바다와 갯벌에서는 김, 미역, 파래, 감태가 자란다. 곡식, 해산물, 농산물, 임산물 등 싱싱한 식재료를 한 시간 이내 거리에서 직접 구할 수 있다. 그 재료가 한데 모여 남도 음식이라는 이름으로 재창조되는 곳이 광주다.

손맛과 함께 기후만큼 따뜻한 정이 만들어내는 남도 음식이 광주 한정식이다. 영광 굴비, 돌산 갓김치, 여수 서대회, 고흥 장어탕, 보성 꼬막무침, 영산포 삭힌 홍어, 나주 곰탕, 담양

대통밥, 목포 홍어삼합, 무안 세발낙지, 영암 짱뚱어탕 등 이름 만 들어도 그 지역의 산과 들과 바다와 갯벌이 떠오른다.

남도 사람들은 그 맛을 딱 두 마디로 '게미'라고 했다. '담 백하고 깊은 맛이 있다'는 의미다. 감칠맛과 다르다. 주로 집밥 이나 어머니 정성과 솜씨로 만들어진 곰삭은 맛을 말한다. 재료 가 좋아야 하는 것은 물론이고 시간, 정성, 마음이 담긴 맛을 표 현하는 말이다. 한정식에 올라오는 음식 하나하나가 다 그랬다.

한정식의 유래를 두고 궁중요리설과 요릿집설이 있다. 음 식은 반에서 민으로 내려오는 경향이 있다. 높은 사람, 부자들 이 먹던 음식이 일반인에게 보편화되는 경우가 많다. 수랏상에

'광주 오미'로 첫손 꼽히는
한정식.

서 반과 민으로, 종가에서 일반 민가로 내려오는 것이다. 여기에 외부에서 들어오는 문화와의 접목 혹은 충돌도 빈번하다. 한정식도 이러한 문화 변용과 생성이라는 측면에서 살펴야 한다.

광주에 한정식이 자리를 잡은 시기는 일제강점기로 생각된다. 그 무렵 광주에 요릿집이나 식당 수요가 늘어났다. 관공서와 회사, 공장 등이 밀집한 충장로 중심(당시 본전통) 황금동 일대에 이름난 한정식집이 자리 잡았다. 술상과 밥상을 겸하는 곳으로 인근의 전남도청, 호남은행 등에 적을 둔 높은 분들이 드나들었다. 광주를 방문한 외지 사람을 대접할 때 가는 곳이었다. 해방 후에도 금융, 언론, 백화점, 영화관 등이 이 지역에 밀집되어 비싼 한정식집이 유지되었다. 수산물이 들어오는 남광주시장이 가깝고 양동시장도 지척인 데다가 지방을 오가는 버스터미널도 걸어서 오갈 수 있으니 사람도 몰리고 물산도 쌓였다.

그 사이 격식과 예의를 갖춰 먹는 상차림은 시대에 맞게 코스 요리로 바뀌었다. 수십 가지 음식을 한꺼번에 올려놓고 먹는 과시용에서 맛과 온도를 고려해 순서에 따라 내놓는 음식으로 진화했다. 여기에 더해 최근에는 '계절한정식'으로 다시 진화하고 있다. 갯벌과 바다에서 올라오는 수산물이 계절 특성을 잘 반영한다. 삭히거나 발효해서 내놓는 홍어삼합 외에 전어(회, 구이), 민어, 낙지, 꼬막, 숭어 등을 계절에 맞춰 내놓는다.

제철 수산물을 중심으로 계절한정식을 내놓는 곳도 있다. 홍어도 흑산도에서 맛볼 수 있는 싱싱한 홍어부터 중간숙성, 코가 뻥 뚫린다는 완전발효까지 선택할 수 있다.

코스 요리나 계절음식은 비싼 한정식을 대중화하면서 소비자 기호에 맞춰 지역음식의 특성을 살린 진화라고 생각한다. 규격화되지 않아 필요에 따라 변화할 수 있는 역동성도 매력이다. 광주에서 어느 백반집을 들어가도 맛있는 음식을 먹을 수 있는 이유는 이렇듯 자연이 준 풍성함과 전통의 손맛이 기저에 있기 때문이다. 한정식 외에 단품으로 꼽는 광주 전통음식은 용봉탕, 애저찜, 꽃송편, 육포, 가물치곰탕, 추어숙회, 김부각, 우삼탕, 붕어조림, 홍어찜 등이 있다.

광주 맛의 진수
# 김치

  '한국의 갯벌'이 2021년 7월 유네스코 세계자연유산에 등재되었다. 우리보다 먼저 등재된 유럽의 와덴해 갯벌을 보름가까이 살펴볼 기회가 2016년에 있었다. 독일과 네덜란드, 덴마크를 10여 일에 걸쳐 살펴보기 위해 프랑크푸르트 공항에 도착했다. 주변을 돌아보려고 일부러 여유롭게 도착했지만 일행들이 가장 가고 싶어 한 곳은 관광지가 아니라 김치찌개를 파는 한국식당이었다. 기차와 택시를 타면서 한국식당을 찾아갔다. 여행보다 김치, 해외여행을 해본 사람이라면 한 번쯤 경험했을 일이다. 이런 음식이 '민족음식'이다.

  이태리 피자가 지역마다 마을마다 다양한 맛을 가지고 있듯이 우리 김치도 지역마다 집안마다 맛이 다르다. 그래서 광주 김치를 하나의 음식으로 이야기하는 것은 적당하지 않다. 어떤 부재료와 젓갈을 사용하느냐, 찹쌀죽을 넣느냐 마느냐 뿐만 아니라 젊은 사람들 입맛에 맞게 새로운 재료들이 추가되고, 저염식과 건강식에 맞게 제조 방식이 변화함에 따라 다양한 맛이 나온다.

아내는 삼복에도 김치를 담근다. 겨울에 하는 김장 외에도 수시로 김장을 한다. 아내의 고향 근처 영광 염산에서 구입해 둔 묵은 젓갈을 사용한다. 장모님이 즐겨 다녔던 젓갈집이다. 간간이 필자가 전라도 현지조사를 하다 믿을 만한 사람이 가용으로 만든 새우젓, 황석어젓, 갈치젓 등을 사다 주기도 한다. 장모님에서 올케언니로, 다시 아내에게 전승된 방법으로 김치를 만든다. 장모님은 작고하시고 언니는 나이가 많아 아내가 김치를 담가 나누고 있다. 양이 많다 보니 자연스레 네 딸이 손을 보탠다. 간은 막내가 가장 잘 본다. 광주에는 이런 집들이 아직도 많다. 입맛과 손맛이 전승되고 있다.

어머니가 담갔던 김치, 그 맛을 기억하는 사람들이 학교와 직장을 찾아 광주로 모여들었다. 1930년대 이후 광주가 제법 도시 모양새를 갖추었고 해방 후 전남방직공장(임동), 광주공업단지(광천동), 아세아자동차 등에 일자리가 만들어졌다. 이때 전라도 곳곳의 사람들이 올라와 자리를 잡았다. 전라도의 땅과 바다에서 나온 젓갈과 배추와 양념이 광주에 사는 자식과 친척들에게 공급되었다. 직접 김치를 담가 보내기도 했다.

김치를 담그려면 배추, 무, 고추, 마늘, 파 등의 채소류를 준

비해야 한다. 젓갈과 해산물과 천일염이 필수품이다. 지금은 우리나라 천일염의 80~90퍼센트를 전라남도에서 생산한다. 조선시대에도 전국 소금 생산량의 40퍼센트를 전남이 차지했다. 이 재료들을 시장에서 구입하기도 하지만 직접 산지에서 구입할 수 있는 곳이 광주다. 알뜰하게 단골 생산자를 정해두고 구하기도 한다. 여기에 넉넉함이 더해진다. 재료 좋고 손맛 좋고 인심까지 좋으니 김치 맛이야 무슨 말이 더 필요할까.

지금은 김치라면 으레 배추를 생각하지만 조선 초기 김치는 무, 오이, 가지 등이 재료였다. 젓갈은 남해안에서 잡아 숙성한 멸치젓을 많이 사용했지만 신안과 영광 등 서해에서 잡은 새우젓도 이용했다. 새우젓은 비싼 육젓과 오젓은 조미용이나 간을 맞추거나 식탁에 직접 올릴 때만 사용하고, 김장을 할 때는 추젓이나 북새우젓을 사용했다. 여기에 황석어젓, 갈치젓, 조기젓 그리고 다양한 생선을 섞은 잡젓까지 더해졌다. 고춧가루는 생경했다. 16세기 말 임진왜란 전후에 전래되었기 때문이다. 고추가 비린내를 제거해주니 젓갈을 자유롭게 사용할 수 있었다. 고춧가루가 전라도 김치의 정체성을 공고히 하는 데 큰 역할을 했다.

전라도 김치의 또 다른 특징은 찹쌀죽을 양념에 넣는다는 점이다. 김장김치가 아니라 평소에 김치를 담글 때는 밥을 갈아서 넣기도 한다. 김치 양념으로 고춧가루, 파, 마늘, 생강, 당근, 갓, 청각, 굴, 생새우, 무를 썰어서 넣는다. 젓갈을 달여서 액 것을 내려 함께 버무린 다음 절인 배추 사이사이에 넣는다.

　한글이 사용되기 전에는 김치라는 용어도 없었다. 저, 지, 지염, 침채라는 말을 사용했다. 전라도에서는 김치를 '지'라 한다. 파지, 솔지(부추지), 배추지, 무지, 갓지 심지어 파래지, 감태지 등 해조류를 이용해서도 김치를 담갔다. 오늘날처럼 속이 꽉 찬 통배추로 김치를 담그기 시작한 것은 1900년대 초 결구 배추 재배에 성공한 이후부터다.

　동아일보(1934.11.13.) '양림동관광안내소' 기사에도 '메루치젓을 담그는 맛조흔 전라도김치'라며 전라도 김치 담그는 법을 잘 소개하고 있다. 해방 후 교통이 발달하면서 전라도 김치가 다른 지역 김치에 영향을 미쳤다. 또 산업사회가 시작되면서 서울, 경기, 부산 등 사람이 많이 모이는 큰 도시에서 손맛 좋은 전라도 사람들이 식당을 운영하면서 알려지기도 했다. 이렇게 입소문으로 '김치는 전라도'라던 막연한 생각은 광주광역시가 김치축제를 개최하면서 구체화되기 시작했다.

　광주시는 1994년 광주비엔날레 부대행사로 치러진 김치축제를 연례화하고 남구 효천동에 김치박물관도 세웠다. 이 무렵 일본은 '기무치' 상표를 내걸고 국제시장을 파고들었다. 우리나라도 국제적으로 인정받는 김치 프로젝트가 필요했다. 2001년 한국 김치가 국제식품규격에 등록되었고 이명박 정부의 한식 세계화 정책에 힘을 얻어 2008년 김치산업진흥법이 만들어졌다. 그리고 2009년 한국식품연구원 부설 세계김치연구소가 광주 남구 효천동에 문을 열었다. 이에 맞춰 광주시는 같은 공간에 2010년 1월 김치타운을 조성했다.

2013년 '김치를 담그고 나누는 김장 문화'가 유네스코 인류무형유산 대표목록에 등재되었다. 광주 김치는 맛을 뛰어넘는 우리 유산이 된 것이다. 세계김치연구소가 펴낸《김치광주, 맛과 멋》(2019)에는 종가김치로 죽순물김치, 깻잎김치, 고들빼기김치, 석류물김치, 갓김치, 섞박지, 뻐걱지*, 전어배추김치, 반동치미, 홍갓김치 등을 소개한다. 또 전라도 김치 명인들이 만들어낸 맨드라미백김치, 비늘김치**, 비트총각무물김치, 꽃게보쌈김치, 발효콩배추백김치, 복분자효소수삼백보쌈김치, 홍갓무동치미, 와송수삼백김치, 무등산푸렝이해물반지, 호박고구마로 맛을 낸 무김치 등이 진화하는 김치의 현재를 보여준다.

● 　무를 빠개서 담근, 함평 이씨의 종가김치다.
●● 반으로 자른 무에 생선비늘 모양으로 칼집을 내고, 그 안에 소를 넣어 담근 김치.

'광주 오미'에 도전하는
# 상추튀김

광주의 별미 음식으로 상추튀김을 꼽는다. 이름처럼 상추를 튀겨내는 것은 아니고, 잘게 자른 오징어 튀김을 양파와 매운 고추가 들어간 간장과 함께 상추에 싸서 먹는다. 상추가 기름의 느끼함을 잡아 튀김을 더욱 맛있게 즐길 수 있다. 1970년대 중반쯤 유행하기 시작해 지금은 광주의 향토음식으로 자리 잡았다. 상추튀김은 분식집에서 시작된 음식이다. 허기진 배를 채우던 학생들이 요리조리 먹어보다 맛이 좋아 메뉴가 되었다고 한다. 튀김을 상추에 싸 먹는다는 게 흥미로워 식당을 찾았던 사람들이 맛의 신박함에 눈이 뜨여 소문을 내기 시작했다.

충장로 2가 광주우체국 뒷골목에 포장마차와 튀김집 등이 많았다. 500원만 내면 맘대로 먹을 수 있는 식당도 있었다. 튀김 외에도 오뎅, 떡볶이, 당면, 김밥 등 메뉴가 다양했다. 당시 학생회관이 인근에 있어 중고등학생들이 많이 오가던 곳이다. 그 골목에서 상추튀김을 먹었던 학생들이 자라 대학생이 되고

178

성인이 되면서 상추튀김은 어른과 아이가 함께 먹는 음식이 되었다. 지금은 충장로뿐만 아니라 양동시장, 송정시장은 물론 전주, 서울, 서촌 등 다른 도시까지 상추튀김집이 문을 열었다.

2019년 광주세계수영선수권대회에 맞춰 상추튀김은 계절 한정식, 오리탕, 주먹밥, 육전, 보리밥, 떡갈비와 함께 당당하게 광주 7대 음식으로 선정되었다. 오래전부터 광주에서는 송정 떡갈비, 오리탕, 한정식, 보리밥, 김치, 다섯 가지를 '광주 오미'로 꼽았다. 송정떡갈비는 소 갈빗대 옆에 붙은 살을 다져 양념을 해서 내놓는 것이다. 한우와 돼지 삼겹살을 반반씩 섞어 다져 맛과 가격을 함께 잡은 것이 비결이다. 광주 오리탕의 특징은 걸쭉한 들깨에 있다. 미나리를 살짝 익혀 건져 먹은 후 오리

새롭게 '광주 오미'에 도전하는 상추튀김.

고기가 충분히 익고 육수도 만들어지면 오리탕을 본격적으로 맛보기 시작한다. 마지막에는 남은 국물에 밥을 말아 먹거나 볶음밥으로 마무리한다.

보리밥은 무등산 지산유원지가 유명하다. 마당과 우물과 감나무가 있는 도심 속 산골마을 같은 곳이다. 무등산 등산을 마치고 내려와 양푼에 비벼 무잎에 싸서 멸치젓을 얹어 먹는 보리밥이 최고다. 반찬으로 10여 가지 나물과 채소 겉절임이 나와 비벼 먹기 딱 좋다. 여기에 남도 김치와 한정식을 더하면 완벽한 한상이 완성된다.

이렇게 전통과 역사가 있는 '광주 오미'에 균열이 생겼다. 상추튀김이 곧잘 오미 또는 칠미에 포함되기 때문이다. 때로는 김치가 뒷전으로 밀리기도 한다. 전통과 현대 사이에서 상추튀김이 추가되고 김치가 빠지다니 아쉽지만 현실이다. 분식집에서 먹던 상추튀김은 이제 체인점이 생겨나고 키오스크 메뉴에 오르는 형태로 진화하고 있다.

어머니가 좋아하시는
# 송정떡갈비

어머니는 떡갈비를 좋아하신다. 정확하게 말하면 떡갈비에
함께 나오는 '뼛국물'을 좋아하신다. 떡갈비가 나오기 전에 국
물 한 그릇을 다 비우고 떡갈비가 나오면 추가로 한 그릇 더 달
라고 해서 마무리했다. 1인분이 떡갈비 두 덩이다. 어머니는 늘
한 덩이는 당신이 드시고 나머지 한 덩이는 내게 밀어놓는다.
결국 다 먹지 못하고 남겨놓는 경우도 종종 있다.

떡갈비에 '송정'이라는 지명이 붙을 만큼 송정리 떡갈비가
유명하다. 왜 송정리 떡갈비가 유명해졌을까. 그 실마리는 역
시 우시장에서 찾아야 할 것 같다. 호남선뿐만 아니라 영광과
남평, 나주로 가는 신작로가 뚫리면서 송정리는 교통 요지가
되었다. 지금도 열리고 있는 송정 오일장(3·8일) 주차장 자리
에 1910년 우시장이 문을 열었다. 근처에서 비빔밥 장사를 하
던 한 상인은 "우시장에서 나오는 쇠고기와 돼지고기를 사다
양념해서 다진 뒤 네모나게 구워 내놓던 것이 오늘날 송정떡갈

비의 원조"라고 한다. 그 모양이 떡을 닮아서, 혹은 떡을 치대
듯이 만든다고 해서 붙여진 이름이라고 한다.

　광주송정역에서 광주 방향으로 5분 거리인 광산구청 인근
에 '광주송정떡갈비골목'이 만들어졌다. 오래전부터 식당들이
모여 있던 지역이다. 중고등학생 때는 언감생심 떡갈비집이 있
는 줄도 모르다가 대학생이 되어 명절에 동창들을 만나면 가
끔 들렀다. 지금도 그렇지만 그때는 다른 식사 메뉴에 비해 비
쌌다. 식감도 썩 마음에 들지 않았다. 고기는 씹는 맛인데 다져
만들었으니 씹을 게 없다. 오물오물하면 넘어간다. 그래서인지
치아가 약한 부모님을 모시고 오는 사람이 많다. 끼니를 해결

쇠고기와 돼지고기를 양념해
다진 뒤 네모나게 구워 내는
송정떡갈비는 부드러운 식감
이 특징이다.

하기 위한 메뉴가 아니다 보니 인근 주민보다는 여행자들이 많이 찾았다.

떡갈비 골목으로 들어서면 직화구이로 육즙이 타는 고소한 냄새가 먼저 반긴다. 배, 양파, 매실 등 떡갈비에 들어가는 부재료가 식당마다 다르기에 비법도 다양하다. 그래서 어느 맛집 골목이나 그렇듯 '원조 논쟁'이 진행중이다. 어느 한 집을 골라 들어가면 돼지 뼈를 무와 함께 푹 삶아낸 뼛국이 전식으로 먼저 나온다. 국물 내는 방법도 가게마다 다르다. 어머니처럼 이 뼛국물을 마시기 위해 떡갈비집을 찾는 사람들도 있다.

무료로 추가해 주던 국물에 언제부터인가 돈을 받기 시작했다. 여전히 그냥 주는 국물에는 뼈가 포함되지 않고 추가로 비용을 지불하면 몇 개의 뼈를 넣어 준다. 비싸지 않아 부담스럽지는 않지만 어머니는 국물 추가를 주저하신다. 육수의 진한 맛도 덜해진 것 같은 느낌이다. 찾는 사람이 많아지면 자꾸 야박하게 바뀐다. 곳간에서 인심이 난다고 했는데 아쉽다.

광주에서 꼭 맛봐야 할 고기
# 생고기

다른 사람들 입에 자주 오르내리는 것을 '회자(膾炙)된다'고 표현한다. 이때 '회'는 생고기를 뜻하는 육회(肉膾)를, '자'는 구운 고기를 말한다. 《맹자》에 나오는 말이다. 옛날부터 중국 사람들은 생고기와 구운 고기를 즐겨 먹었다. 맹자는 제자 공손추가 '회자(膾炙)'와 '양조(羊棗)' 중 어느 것을 좋아하냐고 묻자 '대부분 사람이 즐기기 때문'에 회자가 좋다고 대답한다. 양조는 고욤을 말한다. 유교 전통이 강했던 우리나라에서도 제사에 생고기를 올렸다. 국가나 마을 의례에 소를 잡았고 문중이나 가정 제의에 생고기를 올리기도 했다. 지금도 어촌 마을에서는 정월 풍어제 때 소를 잡는 곳이 있다. 궁중의례를 기록한 《의궤》의 찬품단자에도 '회'가 수록되어 있다.

광주는 떡갈비와 함께 생고기가 유명하다. 한우 우둔살을 생선회 썰듯 썰어서 천일염에 참기름을 부어 찍어 먹는다. 고

추장에 참기름을 부어 먹기도 한다. 생고기를 먹기 위해서 광주를 찾는 사람들도 있다. '소 잡는 날' 생고기가 정육점에 들어오면, 간, 양, 처녑, 콩팥 등을 덤으로 얻을 수 있다. 물론 단골이어야 하고 일찍 가야 한다.

광주에 생고기가 유명한 이유는 주변 영산포·담양·영광·장성·함평·화순 등 광주를 둘러싸고 우시장이 있었기 때문이다. 신선한 생고기를 한 시간 이내에 공급할 수 있는 곳들이다. 일반적으로 생고기라면 잘게 썬 고기에 채썬 배와 달걀 노른자를 올려 참기름과 깨로 비비는 육회를 생각한다. 하지만 광주에서는 육회가 아닌 날고기 그대로를 먹는다. 육회를 내놓으면 신선하지 않은 소고기로 취급한다. 생고기를 먹고 남은 것, 혹은 시간이 지난 것을 육회로 만들어 먹는다. 생선회가 그렇듯이 육고기도 결을 따라 칼질을 어떻게 하느냐에 따라 식감이 달라진다. 유명한 생고기집은 신선한 고기와 칼질 잘하는 주인이 있었다.

산골마을에서 어린 시절을 보낼 때다. 설 명절에 아버지 계모임에서 돼지를 잡았다. 소를 잡기도 했지만 도축법이 생기고 농사에 꼭 필요한 소 대신 돼지를 많이 잡았다. 아버지 친구들은 빨래터에서 돼지를 잡으면서 검은 털을 칼로 제거하고 해체한 후 가장 먼저 간과 육회 부위를 꺼냈다. 생고기를 썰어 술을 한 잔씩 한 후 부위별로 나누는 작업에 들어갔다. 당시의 돼지는 지금처럼 사료를 먹여 공장식으로 축산하는 것이 아니라 집

에서 기르는 돼지였다. 닭가슴살을 소고기 육회처럼 무쳐 먹기
도 했다. 지금은 사라졌지만 무등산 증심사 아래 그런 닭집이
많았다. 생닭을 잡아 삶거나 죽을 쒀 팔았고, 조리하는 동안 전
식으로 내놓는 것이 가슴살과 똥집과 다진 닭발이었다.

생고기 하면 빼놓을 수 없는 것이 생고기비빔밥이다. 그중
광주비빔밥을 손꼽는 이유는 나물과 밑반찬 때문이다. 백반 상
에 오르는 반찬들이 그대로 나오고, 양념을 듬뿍 넣어 무친 나
물이 비빔 재료로 포함된다. 최근에는 생고기와 낙지가 만난
'생고기낙지탕탕이'도 등장했다. 우시장 소와 갯벌 뻘낙지의
만남이다. 쓰러진 소도 일으켜 세운다는 보양 식재료 뻘낙지와

생고기라면 육회를 생각하지
만 광주에서는 한우 우둔살
을 생선회 썰듯 썰어 천일염
에 참기름을 부어 찍어 먹는
다. 요즘은 '생고기낙지탕탕
이'(사진) 등 다양한 음식으
로 진화하고 있다.

생고기 중 으뜸인 한우가 만났으니 더 이상 무엇을 말하랴. 광주 사람들의 생고기 사랑은 고향을 떠난 사람들에게는 그리움으로 남는다. 그래서 서울이나 다른 도시에서 사는 광주 분들이 결혼이나 회갑 등에 초대하면 홍어와 생고기는 꼭 준비해 간다.

'오매' 광주
# '거시기'한 전라도 말

광주관광안내지도는 '오매 광주'로 시작한다. '오매 광주'는 광주를 상징하는 표현으로 종종 사용된다. 여기서 오매는 감탄사다. 오매 반갑다, 오매 맛있다, 오매 잘했다 등 어떤 말과도 잘 어울린다. 오매를 가장 잘 표현한 글이 시문학파 김영랑의 '오매 단풍들것네'이다.

오매 단풍들것네
장광에 골불은 감닙 날러오아
누이는 놀란 듯이 치어다보며
오매 단풍들것네

오매가 긍정의 감탄사로만 사용되는 것은 아니다. '오매 저 염병헐 놈. 자식이 아니라 웬수여 웬수'라는 말에서는 '세상에!' 정도의 탄식에 해당하는 말이다. 오매보다 더 강한 감탄이나 탄식을 해야 할 때는 '워~매, 시상에 잘 해부렀다. 장허다' '워~매, 저런 꽉 때려 죽일 놈이 없네' 등 '워~매'라고 쓰기도 한다. 이렇게 전라도 말은 정겹다, 강하다, 생생하다, 또 애잔하다.

"그랗게 제발 내가 시킨 대로 해야. 그래야 뒤탈이 없어야. 저짝은 냅두고, 이짝이나 잘 허고. 오늘은 거시기하지 말고, 산낙자나 한 사라 허자. 아짐, 우리 낙자 꽉 조사서 맛나게 한 접시 주고, 술은 가인이 소주 알제. 먼저 실가리국부터 줘불쇼."

남광주시장의 한 술집에서 막걸리를 한잔 하는데 옆 테이블에서 사내들이 나누는 이야기가 큰 목소리 때문에 들려왔다. 누구라도 대충은 알아들을 수 있는 내용일 것이다. 전라도 말의 대명사처럼 인식되고 있는 '거시기'는 분명치 않은 것, 말하기 불편한 것, 얼른 떠오르지 않는 것 등을 칭한다. 여기에 더해 사내가 말한 거시기는 앞의 말에 '시시비비를 가리려고 하지 말고'라는 의미에 해당한다. 거시기는 이렇게 상황에 따라 장소에 따라 다양하게 해석되는 말이다.

'아짐'은 가게 여주인을 정겹게 부르는 말이다. 요즘 식당이나 가게에서 언니, 이모 등으로 호칭하는 경우가 많아졌지만 아짐이라는 말은 여전히 많이 사용된다. '낙자'는 낙지를 일컫는 전라도 말이다. 낙지요리는 연포탕, 볶음, 산낙지, 호롱 등이 있다. 도마 위에 산낙지를 놓고 탕탕 좆아 참기름과 달걀을 올리는 음식은 탕탕이라고 한다. 뻘낙지는 발이 가늘고 연해 젓가락에 둘둘 말아서 잘근잘근 씹어 먹기도 하지만 웬만큼 익숙하지 않으면 이렇게 먹기 어렵다. 그래서 주인이 살아 있는 낙지를 주문하면 이렇게 물어본다. '그냥 먹을라요, 조사줄까요'라고. '조사준다' 말은 '좆다'에서 온 말로 '쪼다'가 표준말이다. 낙지를 칼로 잘게 다진다는 의미다. 이를 '콱콱'이라는 의태어로 표현하고 의성어인 '탕탕'이라고 이름을 붙였다. 실가리는 시래기를 말한다. 물론 '가인이 한 병 주소'는 가수 송가인이 광고모델로 나선 보해소주를 말한다.

전라도에서만 통하는 단어들도 있다. 음식을 이야기할 때 '게미'라는 말을 자주 쓴다. 잘 익은 젓갈이나 김치, 입에 착착 달라붙는 나물, 담백한 음식 등 다양한 형태의 맛을 일컬을 때 '게미가 있다'고 한다. 뜻을 단정해서 답하기 어려운 '깊은 맛'에 대한 표현이다.

'지비'라는 말도 자주 들을 수 있다. '지비는 어디로 갈라요, 지비 아들은 장개갔소(장가갔소), 지비는 뭐 무글라요(먹을라요)' 등 당신이라는 말을 대신해 사용한다. '지비'는 '집' '댁'을 말한다. 포도시 먹고사요(겨우 먹고 사요), 허벌라게 비싸부요(많이 비싸요), 수박이 허천나게 나와부렀네(수박이 많이 나왔네) 등도 들린다. 해찰하지 말고 핵교 후딱 가거라(한눈 팔지 말고 학교에 빨

190

리 가라), 우덜이 항꾼에 심을 모태면 하루 점드락 안해도 끝나 겄소(우리가 함께 힘을 합치면 하루 종일 하지 않아도 끝낼 수 있다) 등 처음엔 낯설어도 듣다 보면 뜻이 와 닿는다.

전라도 말을 연구한 목포대 이기갑 교수는 《전라도 말 산책》에서 '아름다운 꾸밈말, 정이 담긴 말, 생생한 말, 순수한 우리말'이라고 표현했다. 전라도 말을 촌스럽다고 하는 사람도 있지만 판소리에서는 구성지다고 한다. 천연스럽고 구수하고 멋지다는 말이다. 육자배기에 딱 어울리는 소리다. 예를 들어 판소리 도중 '춘양이허고 이도령허고 사랑을 허는디'라는 대목을 '춘향이와 이도령이 사랑을 하는데'라고 한다면 그 맛이 살까?

판소리는 고수의 도움을 받아 소리꾼이 길게는 몇 시간씩 곡을 끌어가야 한다. 그래서 힘을 나누어 써야 완창할 수 있다. 입을 적게 벌리고 부드럽게 발음하면서 뜻이 정확히 전달되게 하는 게 요령이다. 최근 연구에서 전라도 말이 발성과 음운론의 측면에서 판소리에 가장 적절한 언어라는 분석이 나오고 있다. 판소리를 제대로 즐기려면 전라도 말을 배우는 게 도움 될지도 모른다.

요즘 뜨고 있는 소리꾼 이날치 멤버들은 서울 출신이다. 그런데 "판소리가 전라도에서 나온 거라 말하는 부분이 다 전라도 사투리다. 그래서 전라도 사투리를 배웠다"고 한다. 전라도

말은 빠른 랩에도 잘 어울린다. 이날치의 대표곡 〈범 내려온
다〉는 판소리를 랩에 가깝게 빠르게 부른 노래다. 판소리를 공
부하려는 경상도 사람들이 가장 어려워하는 것이 이 대목이다.
한 판소리 경연대회에서 경상도 아이가 〈흥부가〉를 부르면서
"그때 흥부가, 죽게 생긴 아새끼를 구할라꼬"라고 했다가 폭소
가 터지기도 했다. 스승은 '그때에 흥부가, 죽게 생긴 자식을 구
할 요량으로'라고 가르쳤는데 어린 소리꾼이 자기도 모르게 경
상도 사투리로 해버린 것이다.

　판소리는 동편제와 서편제로 나누는데 전라도 산악 지역은
동편제, 평야 지역은 서편제로 대별한다. 판소리를 하려면 전
라도 말에 익숙해져야만 하는 이유다. 사실 지역 사투리는 공
부하듯 배워지는 것이 아니다. 시간이라는 재료가 더해져야 어
머니의 손맛을 재현해낼 수 있듯 전라도 사람의 삶을 경험해야
그 말도 맛나게 할 수 있다.

판소리계의 아이돌

# 쑥대머리 임방울

씩씩한 소리결 장쾌하고 맑은데(玉響金聲壯且淸)

무대에 오르면 가는 곳마다 성안 사람을 휘어잡네(登筵無處不傾城)

소리 마당 문득 극락세계와 흡사해(樂壇輒似蓮花界)

만학천봉에 경쇠소리 쟁그랑댄다(萬壑千峰一磬鳴)


독립운동가이자 판소리 작사가였던 벽소 이영민(1881~1962)이《벽소시고(碧笑詩稿)》에 임방울을 묘사한 시다. 임방울의 무대 장악력과 소리의 사실성 및 예술성의 조화를 잘 묘사했다는 평을 받는 대목이다.


임방울은 전라남도 광산군 송정읍 도산마을에서 태어났다. 지금은 광주비행장으로 바뀐 곳이 그가 태어난 마을이다. 본명은 임승근이지만 창을 하는 목소리가 은방울 굴러가는 소리

같다고 하여 임방울이라 했다. 그를 말할 때 빠지지 않는 것이 〈쑥대머리〉다. '쑥대머리 구신형용~'이라는 노래의 시작이 임방울의 상징이다. 〈춘향가〉 중에서 〈옥중가〉, 그중에서 〈쑥대머리〉는 열녀 춘향이 모진 매를 맞고 감옥에서 임을 그리면서 죽음을 각오하고 유언을 하는 소리다. 왜소한 몸에서 나온 곰삭은 소리가 조선 백성을 울렸다.

임방울은 동편제와 서편제를 두루 섭렵한 후 자신의 소리를 만들어냈다. 변성기로 목이 막히자 작은 골방에 칩거하며 연습한 지 100일 만에 목에서 피가 쏟아지고 자기 소리를 얻었다고 한다. 그의 소리는 천구성*과 수리성**을 모두 갖추었다는 평을 듣는다. 특히 노력을 통해서 얻는 수리성은 누구도 흉내낼 수 없을 경지였다. 임방울은 25세에 조선명창대회에 입상하며 인기스타로 떠올랐다. 그때 부른 노래가 〈쑥대머리〉였다. 다음날 레코드사에서 녹음을 해 국내는 물론 해외로까지 음반 20만 장이 팔려 나갔다.

전라도 맛은 음식에만 있는 것이 아니다. 소리에도 맛이 있다. 전라도 소리의 맛은 잘 숙성된 삭힘의 맛이다. 그 맛을 일컬어 '시김새'라고 한다. 판소리는 민이 듣는 노래였지만 18세기 후반에는 양반이 청중이 되었다. 거칠고 야한 소리를 순화

---

● 선천적으로 타고나는 소리. 높은 소리나 슬픈 선율의 소리를 표현하기에 적절하다.
●● 수련을 통해 후천적으로 얻어지는 소리. 쉰 목소리와 같이 껄껄한 음색의 성음을 가리킨다.

시켜 양반의 정서에 맞게 사설을 변형했다. 신재효가 정리한 사설이 그렇고, 이를 잘 조율한 이가 임방울이었다. 설움을 삭히며 살던 일제강점기에 호방하고 경쾌한 소리는 민중들에게 다가가기 어려웠다. 임방울의 판소리는 설움과 탄식 그리고 삭아내린 소리로 민초들의 가슴을 후벼 팠다. 그 절정이 〈쑥대머리〉였다.

　광주 광산구 도산동에 있는 임방울의 생가를 찾아 나섰다. 광주송정역에서 가까운, 광주공항과 맞닿은 곳이었다. 솔머리에 있는 시인 용아의 생가를 다녀오는 길이라 나름 기대를 했다. 하지만 기대와 달리 송정리의 번화가 명동과 접해 있는 마을임에도 겨우 차 한 대 지나갈 정도로 비좁은 길이 이어졌다. 생가 앞에 도착하자 안내판은 있었지만 문은 굳게 잠겼고 대문

25세에 조선명창대회에 입상한 다음날 녹음한 임방울의 음반은 국내외에서 20만 장이 팔려 나갔다.

앞에는 길고양이를 위해 누군가 가져다놓은 그릇과 먹이가 길을 막았다. 서성이다 만난 인근 주민은 오래 전에 할머니 혼자 사시다 돌아가시고 방치된 상태로 있는 집이라고 설명했다. 기억이 가물가물하다며 구청에서 마련해 딱 한 번 잔치를 한 적이 있다고도 했다.

임방울은 나라가 힘들던 시대에 국창으로 살다 간 가객이다. 판소리꾼으로는 자생적으로 인기를 끌었던 마지막 대중스타였다. 1960년 가을, 김제 어느 장터에서 수궁가, 적벽가, 흥부가를 오가며 부르다가 쓰러졌다. 뇌졸중이었다. 전국의 국악인들이 참여해 국악예술인장으로 치룬 장례식에서는 200여 명의 여류 명창들이 상여를 끌었고 만장이 1킬로미터에 이르렀다. 임방울이 죽고 난 후 판소리는 급속도로 쇠퇴했고 무형문화재로 명맥을 유지하고 있다. 광산구 송정공원에는 '국창 임방울선생 기념비'가 있다. 광산문화예술회관 앞에도 북채를 들고 소리를 하는 그의 동상이 세워져 있다.

21세기에 국악계는 무형문화재가 아니라 대중과 호흡하는 임방울 같은 소리꾼을 찾고 있다.

〈바윗돌〉부터 〈임을 위한 행진곡〉까지

# 육자배기토리

전라도 소리는 육자배기토리가 특징이라고 한다. 토리는 지역에 따라 구별되는 노래 방식을 말한다. 경기도와 충청도는 경토리로 〈태평가〉를, 전라도는 육자배기토리로 〈진도아리랑〉과 〈강강술래〉를, 강원도는 메나리토리로 〈한오백년〉을 부른다. 육자배기토리에는 전라도의 한이 잘 표현되어 있다.

1981년 MBC 대학가요제에서 대상을 받은 〈바윗돌〉이라는 노래를 들을 때 불쑥 육자배기토리가 떠올랐다. 노래를 불렀던 한양대학교 1학년 정오차 군은 한 인터뷰에서 "바윗돌의 의미가 뭐냐"는 질문에 "광주에서 죽은 친구의 영혼을 달래기 위해 만든 노래고, 바윗돌은 친구의 묘비를 의미한다"고 답했다. 5·18광주민주화운동에서 목숨을 잃은 친구였고, 망월동 무덤 앞에 세워진 묘비였다.

찬비 맞으며 눈물만 흘리고/하얀 눈 맞으며 아픔만 달래는 바윗돌/세상만사 야속 타고/주저앉아 있을쏘냐….

이후 〈바윗돌〉은 '불온사상 내포'라는 이유로 금지곡이 되었다. 1977년부터 2012년까지 35년 동안 진행된 대학가요제 사상 최초로 방송과 판매가 금지된 입상곡이다. 1970년대 가요정화운동으로 청년문화가 거세된 갈증을 풀어준 것이 대학가요제와 강변가요제였고, 1980년대 초반은 대학문화가 청년문화에서 민중문화로 바뀌는 접점에 있었다. 그러나 〈바윗돌〉이 금지곡이 된 이후 대학가요제는 현실참여형 노래보다는 서정성이 강한 노래가 많이 등장했다.

광주 지역 음악인들은 대학가요제와 인연이 깊다. 1977년 제1회 대학가요제에서는 전남대트리오(박문옥, 박태홍, 최준호)가 〈저녁 무렵〉으로 동상을 받는다. 박문옥은 1980년대 광주에서 '소리모아'라는 음악 스튜디오를 운영하며 민중음악을 녹음하고 알리는 일을 했다. 김만준의 〈모모〉, 하성관의 〈빙빙빙〉, 김원준의 〈바위섬〉이 대표적이다. 청바지, 통기타, 생맥주라는 포크음악 키워드를 전승해 '사직포크음악제'를 열기도 했다. 지금도 사직공원 통기타 거리에서 노래하는 카페를 운영중이다.
제3회 대학가요제에서 은상을 받은 〈영랑과 강진〉의 싱어송라이터 김종률은 강진 출신이다. 전남대에 재학 중이던 그

제1회 대학가요제에서는 동상을 받은 전남대트리오의 박문옥은 사직공원 통기타 거리(사진)에서 노래하는 카페를 운영 중이다.

제3회 대학가요제에서 은상을 받은 김종률은 〈임을 위한 행진곡〉을 작곡했다. 들불열사 윤상원·박기순의 영혼결혼식 때 불려지면서 5월을 상징하는 노래가 되었다.

는 대학가요제보다 앞서 열린 제2회 전일대학가요제에서 황순원의 소설을 노래한 〈소나기〉로 대상을 받고 처음 이름을 알렸다. 광주를 상징하는 노래로 정착한 〈임을 위한 행진곡〉을 작곡한 주인공이기도 하다. 싱어송라이터로서 대중가수를 지향하던 김종률이 민중가요로 '전향'하는 데 영향을 준 인물은 〈아침이슬〉로 유명한 김민기다. 《모모는 철부지》(2021, 책과생활)라는 책에는 김종률이 민청학련 사건으로 투옥되었다 복학한 고등학교 선배 이훈우의 소개로 김민기를 만났다고 나온다. 〈공장의 불빛〉이라는 김민기의 노래가 알려지고 있을 때였다. 선배의 조언, 김민기와의 교류, 80년 5월 등을 겪으면서 그의 음악세계가 바뀌었다. 결정적인 계기는 〈나는 오늘 검은 리본을 달았지〉라는 노래다. 계엄군의 집단 발포가 있은 다음날 도청 앞 집회에 갔다가 많은 시신을 보고 잠 못 이루며 쓴 곡이다.

나는 오늘 검은 리본 달았지
당신은 하얀 수의 입었지
나는 오늘 슬픈 눈물 흘렸지
당신은 눈을 감고 떠났지

〈임을 위한 행진곡〉은 광주항쟁 2주기를 앞두고 문화예술인들과 함께 노래극 〈공장의 불빛〉을 만들면서 백기완의 시를 가사로 완성한 것이다. 들불열사 윤상원과 박기순의 영혼결혼식, 대학가 집회에서 불리며 널리 알려진 이 노래는 5월마다 망월동과 도청 앞에서 다시 불리고 있다.

양림동 '아트폴리건' 앞 호랑가시나무는 일제강점기 선교사들이 심은 수령 400년 고목이다.
이 주변을 호랑가시나무 언덕이라 부른다.

전남대학교는 민주화운동의 성지와도 같은 곳이다. 5·18사적지 1호인 정문을 들어서면
교정에 '민주길'이라는 이름의 산책로가 조성되어 있다.

광주 사람들에게 등대와도 같은 무등산은 수직 절리상의 암석이 석책을 두른 듯 장관이다.

푸른길공원은 시민 주도로 완성해낸 성공적 도심재생 모델이다.

고봉 기대승을 제향한 '월봉서원'에는 충신당, 빙월당 등 한 건물에 현판이 세 개나 붙어 있다.

이몽학의 난에 연루되었다는 누명으로 선조의 가혹한 문초를 받다 억울하게 옥사한 의병장 김덕령의 영정은 1975년에야 충장사에 봉안되었다.

광주공원에는 용아와 영랑의 시비가 나란히 서 있다.

국내 1호 도심 국가습지로 지정된 장록습지는 습지생물을 감상하며 걷거나 자전거로 달릴 수 있다.

5 · 18자유공원에는 들불7열사의 얼굴을 북두칠성으로 형상화한 조형물이 세워졌다.

광주 최초의 교회인 양림교회에서 광주 지역 3 · 1운동이 시작되었다.

마을굿의 진화

# 칠석동 고싸움

　고싸움은 두 개의 고가 맞붙어 싸우다가 고가 먼저 땅에 닿는 팀이 지는 놀이다. 놀이에 사용하는 고가 한복 옷고름의 '고'와 비슷하다 해서 붙여진 이름이다. 광주 남구 칠석동에서는 매년 정월 고싸움을 재현하고 있다.

　칠석마을은 옻돌마을이라고도 부른다. 마을 형국이 황소가 쪼그리고 앉은 와우상으로 풍수로 보면 터가 거세다고 한다. 그래서 소의 입에 해당하는 곳에 소 밥그릇 구유를 상징하는 연못을 파고, 소가 일어나 논밭을 밟아 망치는 것을 막기 위해 고삐를 할머니 당산인 은행나무에 묶었다. 소의 꼬리는 옻돌로 눌러놓았다. 또 이 거센 기운을 누르기 위해 많은 사람이 마을 터를 밟는 '고싸움놀이'를 시작했다고 한다. 고싸움놀이는 1969년 대구에서 개최된 제14회 전국 민족예술경연대회에서 대통령상을 받은 것을 계기로 1970년 중요무형문화재 제

33호로 지정되었다. 고싸움의 원형은 줄다리기다. 벼농사 중심 마을에서 행해지던 줄다리기의 맥락을 이으면서 다른 형태로 완성되었다는 게 특징이다.

칠석동은 황룡강이 영산강에 더해지고 지석천이 다시 합해 지는 곳에 자리했다. 일찍부터 충적평야가 발달해 벼농사를 많이 지었다. 고싸움에 필요한 대량의 짚과 사람이 준비된 것이다. 고싸움에서 고의 크기, 줄의 굵기는 마을과 고을의 힘과 세를 나타냈다. 농경사회에서 힘은 땅, 즉 농지로부터 나왔다. 그래서 천석꾼이네, 만석꾼이네 했다. 고나 줄이 농사를 짓는 땅의 크기를 나타내며 벼농사에서 꼭 필요한 물을 관리하는 용을 상징한다. 농사에 물은 필수다. 칠석동은 영산강변에 있다. 남평과 광주 사이에 위치한 평야는 남평들과 서창들로 불렸다.

칠석동과 마주하고 있는 남평에도 고싸움이 있었다. 여러 마을이 참여하는 고싸움이다. 남평현 관아(현 남평초등학교) 앞 길을 경계로 위쪽이 동부, 아래쪽은 서부로 나뉘었다. 동부는 교촌리 · 교월리 · 방축리 등이고 서부는 광이리 · 대촌리 · 칠석리 등이었다. 칠석동도 한때 남평읍에 속했기에 남평 사람들은 칠석동 고싸움을 보는 눈이 곱지 않다. 일종의 원조 겨루기다. 하지만 남평 고싸움이 고을굿이라면 칠석동 고싸움은 마을굿이라 할 만큼 규모가 크다. 그만큼 칠석동이 큰 마을이다.

고는 고머리, 굉갯대, 고몸뚱이, 가랫장, 손잡이줄, 지릿대 등으로 구성되어 있다. 고를 만드는 과정을 살펴보자. 볏짚을 모으고, 줄을 드리고, 드린 세 줄을 합해서 꼰다. 이를 '줄도시기'라 한다. 고머리는 통대나무를 20개 정도 쪼개 묶은 후 줄로 감아 타원형으로 만들고, 굉갯대를 연결해 고머리를 45도로 들어올린다. 고몸뚱이 위에는 고싸움을 할 때 줄패장, 소리꾼, 부장 등이 올라타서 넘어지지 않게 잡는 손잡이줄을 매단다. 마지막으로 고를 어깨에 메고 싸움을 할 때 밀고 당기기 위한 가랫장을 단다. 하나의 고를 완성하기 위해서는 짚 400~500다발과 통대나무 30~50개, 지릿대 나무(직경 20센티미터, 길이 5~9미터), 가랫장 통나무 5~6개, 굉갯대 Y자형 나무 등이 필요

고싸움은 광주를 대표하는 민속놀이로 어린 학생들도 많이 참여했지만 지금은 농촌 인구가 감소해 지속하기 어려운 상황에 놓였다.

하다. 놀이에 필요한 인원도 줄패장, 멜꾼, 꼬리줄잡이, 깃발 기수, 횃불잡이, 농악대 등 400여 명이 동원된다.

고싸움은 대학축제, 호남예술제, 남도문화제, 광주 시민의 날 행사, 88고속도로 완공행사, 진주 개천예술제 등에 광주를 대표하는 민속놀이로 참가했다. 특히 아시안게임과 88올림픽 개막행사에서 시연되면서 국내외에 널리 알려졌다. 마을축제에서 지역축제로, 국가 이벤트에서 우리나라를 대표하는 공동체 놀이로 발전했다. 하지만 산업화가 진행되어 많은 사람이 도심으로 이주하고 농촌 인구가 감소하면서 고싸움의 지속성도 위기를 맞고 있다. 궁여지책으로 고를 만들고 시연하는 데 학생과 군인들을 동원하는 실정이다.

제5부

## 기억해야 할 인물

조선 왕의 멘토

# 기대승

군주(君主)가 만일 취렴(聚斂)하는 신하를 기르지 않으려고 한다면 마땅히 근검절약을 근본으로 삼아야 할 것입니다. 국가의 폐단은 한두 가지가 아니나 근본은 백성을 편안히 하는 데 있습니다. 백성이 편안한 다음에야 교화를 행할 수 있는 것입니다. 반드시 먼저 백성의 힘을 펴주어 백성들로 하여금 부유해지게 한 뒤에야 가르칠 수 있는 것입니다.

500여 년 전 조선조 임금이 반드시 읽어야 할 제왕학 교과서로 평해지는 《논사록》의 내용 일부다. 조선 중기의 성리학자 고봉 기대승이 명종 19년 홍문관 수찬에서부터 선조 5년 승지로 경연에 참여하기까지 31회의 경연 내용을 다룬 글이다. 고봉 사후에 선조는 경연 가운데 고봉의 말을 정리하도록 어명을 내렸다. 허균의 형이자 허엽의 아들인 허봉이 편찬한 《논사록》은 이렇게 세상에 나왔다. 두 권의 책에 고봉의 정치철학과 경

세제민 정신이 담겨 있다. 정조도 머리맡에 두고 읽었다는 책
이다.

　　기대승(奇大升. 1527~1572)은 본관은 행주이며 자는 명언
이고 호는 고봉이다. 행주는 오늘날 경기도 고양시이며 고봉
집안은 대대로 서울에 살았다. 작은아버지인 복재 기준이 기묘
사화로 화를 입자 선친인 물재 기진은 광주 광산구 신룡동 용
동마을로 낙향했다. 기대승은 그곳에서 태어났다. 월봉서원과
멀지 않은 곳이다. 당시 조선 왕조는 네 차례의 사화로 당파싸
움이 극에 달했고 정부는 무능했고 관리는 부정부패했다. 고봉
의 집안도 그 싸움에 화를 당하고 낙향한 것이다.

　　물재는 아들에게 학업을 강요하지 않았다. 고봉은 어린 시
절 병약했고 어머니와 누이를 잃는 등 우환이 잦았다. 《고봉
집》 '고봉연보'에는 그가 '7세에 비로소 학업을 시작하였다. 날
마다 새벽에 일어나 정좌한 채 글을 외고 읽기를 중지하지 아
니하였다. 사람들이 혹 열심히 하느라 힘들겠다고 위로라도 하
면 "나는 본래 이런 공부를 좋아한다"고 대답하였다'고 적혀
있다.

　　성리학의 근본을 찾아 공부하면서 새로운 세상을 꿈꾼 고
봉은 32세(1558년)에 문과 을과에 장원하면서 벼슬을 시작했
다. 그해 퇴계를 처음 만난 자리에서 '태극도설'에 대해 논했다.

다음해 정월 퇴계는 사단과 칠정을 해석하고 이기일원론을 주장하는 고봉에게 '내가 깨닫지 못한 것을 수정하고 명확하게 이해하게 되었다'고 적은 편지를 보낸다. 방대한《주자대전》을 읽고 정리해 성리학의 안내서인《주자목록》을 만들자 젊은 나이임에도 성리학자들이 스승으로 삼았다.

　퇴계 이황과의 교류는 특별했다. 과거에 급제해 막 벼슬길에 오른 기대승은 30대 초반, 퇴계는 50대 후반으로 대사성을 마치고 공조참판이었다. 오늘날로 비교하면 기대승은 신임 9급 공무원이고 퇴계는 대학 총장을 마치고 행정안전부 장관 자리에 있었던 셈이다. 그럼에도 둘의 관계는 오늘날 '사제지간'의 모델로 자주 소개된다. 두 사람은 8년 동안 120통의 편지를 주고받았다. 편지는 학자들에게 회람되었고 두 사람의 논쟁은 조선의 성리학을 중국과 다르게 심화시키는 근간이 되었다.

　평생 네 번 만났을 뿐인 두 사람이 편지로 이어간 인문학 논쟁이 바로 '사단칠정 논쟁'이다. 사단은 남의 고통을 불쌍히 여기는 마음, 잘못을 부끄러워하고 불의에 분노하는 마음, 양보하는 마음, 옳고 그름을 가리려는 마음 등 네 가지의 선한 본성이다. 칠정은 기쁨, 노여움, 슬픔, 두려움, 사랑, 미움, 욕망 등 일곱 가지 감정이다. 퇴계는 이 사단과 칠정이 분리된 것이라고 보았고 기대승은 하나라고 했다. 퇴계는 어려운 성리학을 명쾌하게 설명하는 젊은이를 존중했다. 또 고봉을 '통유', 즉 세상사에 통달한 유학자라고 극찬했다. 택당 이식은 '퇴계도 고봉으로부터 받은 학문적 견해가 많다'고 했으니, 둘은 스승과 제자의 관계를 넘어선 것이다.

하서 김인후 역시 고봉에게 큰 영향을 준 학자다. 장성 출신인 그는 고봉과 멀지 않은 곳에 살았다. 고봉은 한양을 오가는 길에 그에게 들러 의견을 나누고 가르침을 받았다. 하서를 모신 필암서원은 세계문화유산으로 지정되었다.

기대승은 벼슬보다는 글을 쓰고 학문을 연구하는 일에 몰두했다. 《고봉집》이 이를 말해준다. 임금의 경연관으로 참여해 민생을 강조하고 백성을 위한 정치를 역설하며 언로를 개방하도록 한 《논사록》은 군주의 덕목과 관리의 지침서로 읽혔다. 고향으로 내려와 후학을 가르치던 고봉은 선조의 부름에 여러 차례 관직을 사양했다가 대사간과 중국 사신으로 가는 중책을 맡았다. 하지만 병환으로 이를 수행하기가 어렵게 되자 임금에게 사면의 상소를 올린다. 선조가 '병을 조리하고 올라오라'고 명하자 재차 면직을 비는 상소를 올렸다. 우여곡절 끝에 면직을 윤허받아 낙향하던 중 병세가 악화되자 태인에 머물렀다. 선조는 이 소식을 듣고 급히 어의를 보냈지만 어의가 도착하기 전에 "공부를 다 하지 못하고 세상을 마치니 한스럽구나"라는 말을 남기고 눈을 감았다. 그의 나이 46세 때였다.

고봉 사후 1578년 호남 유생들이 낙암 망천사 아래 사당을

218

세웠지만 임진왜란 때 피해를 입었다. 임진의병의 활동으로 조선 침략에 실패했다고 생각한 왜군이 정유재란 때 서원과 해당 가문의 동족 마을에 불을 지르고 약탈했다. 그 후 망월봉 아래 다시 사당을 세웠지만 대원군 때 훼철되었다가 1941년 광주 광산구 '너브실'이라 부르는 현재 위치에 중건되었다.

망천문을 열고 안으로 들어서면 정면 중앙 건물에 '월봉서원'이라는 현판이 걸려 있다. '월봉'은 1654년 효종이 내린 이름이다. 같은 건물 왼쪽에 충신당(건물 이름), 오른쪽에 빙월당(강당 이름)이라는 당호와 현판도 함께 있다. 빙월당은 정조가 하사한 빙심설월에서 비롯된 이름이다. 한 건물에 현판이 세 개나 붙어 있는 것은 드문 일이다. 빙월당 아래에 오늘날 기숙사에 해당하는 서재 '존성재'와 동재 '명성재'가 자리하고 있다. 빙월당 뒤로 장안문을 열고 들어가면 고봉을 모신 숭덕사

빙월당 뒤의 숭덕사에서 고봉의 학덕을 기리는 '향사제'가 열린다.

라는 사당이 있다. 매년 음력 3월과 9월 초정일(初丁日) 고봉의
학덕을 기리고 추모하는 '향사제'가 이곳에서 열리고 있다.

220

의로운 집안
김덕령 家

　　의병장 김덕령이 태어난 충효마을은 무등산 북쪽 증암천과 너른 들을 안고 있다. 지금은 충효동으로 바뀌었지만 여전히 충효마을이라 부른다. 광주호가 만들어지기 전에는 식영정에서 내려다보이는 황금 들녘이 충효마을까지 이어졌을 것이다. 증암천을 사이에 두고 담양의 소쇄원과 식영정, 광주의 환벽당과 취가정, 풍암정 등 정자와 정원이 모여 있는 가사문학의 산실이다.

　　김덕령(1567~1596)의 본관은 광주이며 시호는 충장공이다. 임진왜란 이듬해 담양부사 등에 의해 의병장으로 천거되어 익호장군의 호를 받았다. 권율 휘하에서 일본군이 전라도로 들어오는 것을 막기 위해 고성 지방에서 싸웠다. 1592년 형 김덕홍과 함께 고경명 휘하에서 금산전투에 참가했다가 모친상으로 돌아와야 했다. 금산전투에서 형을 잃은 그는 이듬해 집안을 동생 김덕보에게 맡기고 어머니 상중에도 의병을 모집하여 진해와 고성에서 왜군의 전라도 진입을 막았다. 하지만 1596 년 충청도 홍성에서 일어난 이몽학의 난에 연루되었다는 혐의 로 잡혀가 선조의 가혹한 문초를 받다 옥사했다. 난을 진압하 러 가는 길에 진압되었다는 소식을 듣고 돌아오다 반란군 무리 로 모함을 받은 억울한 죽음이었다.

사후 60여 년이 지나 억울함이 풀려 복직되었고 영조 때 의열사(광주 서구 벽진동 소재. 지금은 벽진서원으로 복원되었다)에 형 덕홍, 아우 덕보와 함께 배향되었다. 정조 12년(1788년)에 '충장공'이라는 시호와 병조판서를 하사하면서 제사를 지내도 록 지시했다. 그 내용이 정조의 문집《홍재전서》에 실려 있으 며 당시 명을 받은 전라관찰사가 쓴 편액 '어제치제문'이 문중 에 보관되어 있다.


옛날 임진왜란이 일어났을 때 / 여기저기서 의병이 들고 일어 났다 / 비록 그 수는 많았지만 / 익호장군 김덕령만 못했다 / 누가 왜적과의 휴전을 제안했다는 말인가 / 군영에 들면 흉흉한 말이 나돌았다 / 전공을 미처 세우기도 전인데 / 중상모략이 여기저 기서 난무했다 / 이제 시호를 내리고 / 제사를 드리니 / 이 마을 을 받아주고 / 남촉을 지키는 힘이 돼주소서[*]


● 광주역사민속박물관 전시 내용에서 옮겨옴.

흥선대원군의 서원철폐로 의열사가 철거된 뒤 한동안 배재 마을 뒷산에 모셔졌던 충장공은 1975년 충장사가 건립되면서 아내 흥양 이씨와 함께 그곳으로 이장되었다. 충장사 유물전시 관에서 매장 당시 입었던 수의와 목관을 볼 수 있다. 이장할 때 출토된 저고리, 무관이 입는 공복 철릭, 직령(두루마기), 버선, 이불 등은 의복사 연구에 귀중한 자료로 평가되고 있다.

춘산에 불이 나니/못다 핀 꽃 다 붙는다/저 뫼 저 불은 끌 물 이나 있거니와/이 몸에 내 없는 불이 나니/끌 물 없어 하노라

충장사 무덤 앞 비석에 새겨진 〈춘산에 불이 나니〉라는 충 장공의 시다. 임진란에서 선조가 보여준 무능함과 비교되는 김 덕령의 대담함과 백성을 사랑하는 마음이 그의 명을 재촉했는 지도 모르겠다. 전쟁다운 전쟁을 치르지도 못하고 모함으로 청 춘에 옥사한 그의 소식을 들은 홍의장군 곽재우는 산으로 들어 갔다. 영웅에게 쏠리는 민심을 두려워한 왕과 그 추종세력들을 피해서다. 이순신도 민중이 원하는 영웅을 나라는 원하지 않는 다는 것을 예감했을까. 마지막 전투의 승리를 앞에 두고 죽음 을 택했다. 임금을 믿을 수 없었던 백성들에게는 바다에서 이 순신, 전라도에서 김덕령, 경상도에서 곽재우가 영웅이었다. 충 장사는 백일홍 꽃이 피는 여름이나 단풍 물든 가을이면 정취가 더 좋다.

충효마을 입구에는 400년 된 왕버들 세 그루가 위용을 자
랑하고 있다. 둘레가 무려 6미터에 이르고 늘어진 가지가 바로
앞에 있는 정려비각과 함께 위엄을 뽐낸다. 이곳에는 '일송일
매오류'라 해서 소나무 한 그루, 매화나무 한 그루, 왕버들 다
섯 그루가 있었다고 한다. 비록 왕버들 세 그루만 남았지만 나

의병장 김덕령을 모신 충장
사는 전라도 의향을 상징하
는 사당이다.

정조가 '충장공'이라는 시호
와 병조판서를 하사하면서
제사를 지내도록 지시한 내
용이 담긴 편액 '어제치제문'.

무가 워낙 크고 가지가 무성해 마치 숲을 이룬 것 같다. 천연기념물로 지정해 보호하고 매년 10월에는 왕버들 기원제를 지낸다. 김덕령 장군이 태어날 때 심었다 하여 '김덕령 나무'라 부르기도 한다.

충효동 정려비각은 충장공과 그 일가족의 충효열을 기리기 위해 1792년 세운 것이다. 비각 안의 비는 1789년(정조13) 세운 것으로 앞면에 '朝鮮國 贈左贊成 忠壯公 金德齡 贈貞敬夫人 興陽李氏 忠孝之里(조선국 증좌찬성 충장공 김덕령 증정경부인 흥양이씨 충효지리)라 새겨져 있다. 정조(1752~1800)가 직접 표리비•(충효리비)를 세우라고 명하고 '충효리'라는 마을 이름도 하사했다고 한다. 그 전까지는 석저마을이었다.

억울하게 죽임을 당한 충장공은 사후 민초들 사이에 도술을 부리는 영웅으로 회자되어 야담집《동패낙송》《대동기문》에 기록되었다. 호랑이를 물리치고 친구를 구한 이야기, 왜적을 죽이지 않고 물리친 이야기 등이 실려 있다. 무가에서는 그를 신으로 모시기도 한다.

충장공의 동생 덕보도 임진왜란 때 의병에 참가했다. 형이 억울하게 죽자 무등산에 풍암정을 짓고 은거생활을 하다 1627년 정묘호란이 일어나자 안병준과 의병을 일으켰지만 고령으

---

• 마을을 표시하는 비.

로 전장에는 나가지 못하고 눈을 감았다. 충장공의 부인 홍양 이씨는 정유재란으로 왜군이 다시 침입하자 추월산으로 피했 지만 왜군이 추월산까지 쫓아오자 순절했다.

충효마을에는 김덕령 가(家)의 유적이 많다. 풍암정, 환벽 당, 취가정 등을 둘러볼 수 있다. 덕보는 두 형을 잃은 슬픔을 삭이기 위해 자연에 은둔하며 학문에 매진했다. 그 장소가 덕 보의 호를 따 이름 지은 풍암정이다. 팔작지붕에 정면 3칸, 측 면 2칸으로 이루어진 풍암정은 재실을 갖추었고 석천 임억령, 제봉 고경명, 우산 안병준의 시문이 걸려 있다. 풍암정으로 가 는 길은 원효계곡과 바위들이 어우러져 가을에 더욱 아름답다.

역사는 아이러니해서 김덕령과 충무공을 불러내 성역 사업 을 진행한 이는 박정희였다. 충장사의 표지석과 사당 현판도 직 접 썼다. 사당으로 들어서는 충용문을 비롯해 건물이 미색으로 칠해진 이유는 육영수가 좋아한 색이어서라고 한다. 충장사는 의병장 고경명을 모신 포충사와 함께 전라도 의향을 상징한다.

한센인과 결핵 환자의 아버지

# 최흥종

 

광주의 근현대사 궤적을 따라가 보면 어느 곳에서나 만나는 인물이 오방 최흥종이다. '한센인과 결핵 환자의 아버지'로 불리는 그는 광주 YMCA 설립, 광주 3·1운동 주도, 신간회 광주지회장, 전남건국준비위원장 등 그 족적이 무겁고 크다.

최흥종(1880~1966)의 본명은 최영종이다. 광주천이 내려다보이는 번화가 불로동에서 태어났다. 일찍이 부모를 여의고 주먹 하나로 젊은 시절을 보내던 그의 삶에 큰 영향을 준 인물이 선교사 배유지(유진벨)와 오기원(오웬) 그리고 포사이트였다.

오방이 기독교와 인연을 맺은 것은 1904년 성탄절에 유진벨 목사의 사택에서 진행된 광주 최초의 예배에 참석하면서다. 출세하고 싶은 욕구에 한때 대한제국의 순검을 지내기도 했지만 한말의병, 국채보상운동 등 잃어버린 나라를 찾으려는 의인들의 활동에 영향을 받아 그만두었다. 그리고 선교와 한센인을 돕는 일에 매진했다.

한센인에 대한 관심은 의료 선교를 하던 선교사 포사이트와의 만남에서 비롯되었다. 유진벨이 세운 영광 염산리교회* 에서 전도사로 활동할 때다. 목포에서 선교활동을 하던 포사이트가 급성폐렴으로 사경을 헤매던 선교사 오웬을 치료하기 위해 오는 길이었다. 유진벨은 오방에게 포사이트의 안내를 부탁했다. 포사이트는 나주에서 광주로 들어오는 부둣가에서 피고름으로 얼룩진 옷을 입고 추위에 떨고 있는 여성 한센인을 만나 그녀에게 자신의 털외투를 벗어 입히고는 말에 태워 광주로 들어왔다. 안타깝게 오웬도 한센인도 죽었지만 '양림동 선교사가 나환자를 데려다 치료해줬다'고 소문이 났다. 1909년 오웬은 양림동 선교사 묘지에 최초로 안장되었고, 포사이트가 데려온 여성 한센인을 치료했던 양림동 제중병원(현 기독병원)으로 전국의 한센인이 몰려들었다. 당시 광주에는 제중병원과 자애병원이 있었다. 오방의 인생을 바꾸게 한 의사이자 선교사 포사이트 기념비는 광주기독병원에 세워져 있다.

외국인 선교사가 다른 사람들은 가까이 다가가는 것조차 꺼리던 한센인을 돌보는 모습을 보고 오방은 큰 깨달음을 얻었

● 법성포로 가던 유진벨이 야월리에 정박해 주민들에게 세례를 내렸던 곳에 세워진 야월교회(1908)를 말한다. 한국전쟁 때 순교한 신도들이 많아 기독교인들의 성지가 되었다.

다. 그리고 1909년 제중병원에서 나환자를 치료하는 조수로 일하기 시작했다. 1911년에는 자신이 소유하고 있던 광주 봉선동의 땅 1000평을 무상으로 기증해 한국 최초의 나환자 수용시설인 '광주나병원'을 설립하고 나환자들을 위한 '봉선리교회'도 세웠다. 하지만 봉선리 주민들은 '채소밭에 나병균이 붙어 있다'는 소문에 거세게 항의했고, 결국 여수시 율촌면 신풍리 바닷가에 15만 평 땅을 구입해 나환자 요양원을 건설했다. '애양원'*의 시작이었다.

오방은 80세에 자신의 삶을 회고하는 글(호남일보, 1960.3.18.)에서 '나의 삶을 돌아보면 언제나 포사이트가 존재했으며, 포사이트의 선행이 뇌리에 남아 삶의 좌표가 되었고, 평생 인류애를 실천했다'고 회고했다. 포사이트를 '성인'이라 표현할 만큼 큰 감흥을 얻었던 것 같다.


오방은 1919년 3·1운동에 참여하여 옥고를 치렀고 평양신학교에 들어가 목사 자격을 얻은 뒤 1920년 광주 YMCA를 창설했다. 1922~26년에는 시베리아로 선교활동을 다녀왔다. 1932년 나환자근절협회를 창설했고 1933년엔 500여 명의 나환자들을 이끌고 광주에서 경성의 조선총독부까지 '구라(救癩) 행진'**을 벌여 일본 총독으로부터 소록도 재활시설 확장에 대한 확답을 받아냈다.

하지만 1935년 기독교계의 신사참배 결의에 절망한 오방

'화광동진'의 삶을 살다 간
최흥종 목사의 묘비명은 '영
원한 자유인'이다.

은 세브란스병원에서 거세 수술을 받고 내려와 스스로 사망통
지서를 돌린 뒤 세상을 등지고 무등산에 은거하면서 성경과 노
자의 《도덕경》에 심취했다. 해방 후 1947년 김구 선생이 찾아
와 함께 나라를 이끌어가자고 호소했으나 끝내 거부하자 김구
는 '화광동진(和光同塵)'***이라는 휘호를 남기고 떠났다.

오방이 정치 대신 선택한 길은 실제 화광동진이었다. 무등
산 자락에 마련한 오방정(현 춘설헌)에서 의재 허백련과 농촌
지도자 양성을 위해 삼애학원을 설립했다. 또 한국나병예방협
회(1948), 한센인 자립을 위한 가축 사육시설 호혜원(1956), 결

● 　1967년 재단법인 여수애양재활병원으로 이름을 바꾸고 현대식 병원으로 개축.
　　일반 지체장애자와 한언병 환자를 함께 진료 및 재활 치료를 하고 있다.
●● 　한센병 환자에 대한 비인도적 거세를 반대하고 전문병원 설립을 요청한 시위.
●●● 자신의 지혜와 덕을 드러내지 않고 세속에 따른다는 뜻. 휘호는 양림동 오방기념
　　관에 전시되어 있다.

핵 환자 요양소인 송등원(1958) 등을 줄줄이 설립했다. 말년에는 결핵 환자를 돌보는 일에 매진했다. 병원에서도 포기한 말기 환자들을 위해 무등산관광호텔 인근에 지은 송등원은 주민들의 반대와 늘어가는 환자를 감당하기 위해 원효사 아래로 옮겨야 했다. 그곳에 교회도 만들고 같이 생활하면서 환자를 돌보았다. 주말이면 무등산에 흩어져 있던 결핵 환자들이 교회로 모여들었고 오방이 예배를 진행했다.

최흥종의 호 오방(五放)은 '가사에 방만, 사회에 방일, 정치에 방기, 경제에 방종, 종교에 방랑' 등 다섯 가지 해방을 뜻한다고 한다. 그는 호에 담은 신조를 평생 지키며 살았고 죽음이 임박해오자 90여 일의 금식 끝에 1966년 5월 14일 86세로 눈을 감았다. 광주공원에서 최초의 시민장이 치러졌고, 1990년 건국훈장 애족장을 추서받았으며, 1995년 국립현충원에 안장되었다. 그의 묘비명은 '영원한 자유인'이다.

오방이 자유를 선언하고 은 거했던 자리에 지어진 오방 수련원.

남종화의 마지막 거목

# 허백련

무등산에서 증심사 계곡으로 내려오다 보면 왼편 숲속에 아담한 집이 한 채 있다. 의재 허백련이 중년부터 그림을 그리고 농사도 짓던 삼애원이다. 농업학교를 운영할 때는 교사로, 그림을 그릴 때는 화실로, 녹차밭을 일굴 때는 농막으로 이용했다. 증심사로 가는 길은 의재로라 한다. 학동 지하철역에서 시작하여 증심사 아래 성촌마을 버스 종점까지 약 2킬로미터에 이르는 길이다. 삼애원 앞에는 '동구 운림동 산 151은 허백련 선생이 1945년부터 작고할 때까지 작품활동을 하였던 곳'이라는 표석이 있다.

'남종화의 마지막 거목'으로 불리는 허백련은 1891년 진도에서 태어났다. 진도로 유배 온 무정 정만조에게 어린 시절 한학을 배웠다. 자라면서 남종화의 거두 미산 허형에게 시·서·화를 익혔다. 해배된 무정을 따라 서울로 올라가 학업과 서화

공부를 한 후 일본 유학을 떠났다. 의재라는 호도 무정이 내려준 것이다. 일본에서는 공부를 접고 서화에 매진했다. 일본 남종화 최고 권위자였던 소실취운(小室翠雲, コムロ, スイウン, 1874–1945)의 인정을 받아 그의 집에서 그림을 그렸다. 전시회마다 호평을 받았다.

1920년 귀국하여 1922년 처음 조선미술전람회(선전*)에서 〈추경산수〉로 1등 없는 2등에 뽑혔다. 그가 총독부가 주최한 '선전'과 인연을 맺은 것은 인촌 김성수**의 역할이 컸다. 당시 의재는 인촌의 집에서 그림을 그리고 있었다. 인촌과의 인연은 화순의 대지주 박현경의 집에서 시작되었다. 인촌은 경성방직이 어려움에 처하자 도움을 청하기 위해 화순에 왔다가 박현경의 집에서 그림을 그리던 의재를 만났고 그의 그림을 서울에 가져가 소개했다. 의재가 소치 허련의 손자라는 점도 주목을 받았다.

의재의 본격적인 광주 생활은 1930년대 말부터다. 광주에서 미술연구 모임인 '연진회'를 만들었다. 허백련을 중심으로 화가 36명이 참여한 서화교육 모임이었다. 그 발기문에는 '예술을 배움은 진경(眞境)에 드는 일이요, 양생(養生)의 진원(眞元)

---

* 선전(鮮展)은 일본의 관전(官展)인 문부성전람회(文展)나 제국미술전람회(帝展)와 구분해 부른 약칭이다. 일본인이 심사하는 제도가 조선 미술을 일본화했다.
** 경성방직 사장, 동아일보 사장, 제2대 부통령 등을 역임한 기업인.

에 이르도록 하는 일이다'라고 밝혔다. 동아일보(1966.4.12.)는
'횡설수설' 칼럼에서 '우리나라에서 가장 오래된 문화「써클」
의 하나는 광주의 연진회. 39년 1월 16일에 허백련 화백을 중
심으로 정운면 · 구철우 · 허행면 · 최한영 · 민병기 제씨가 모
여 시작했다'라고 연진회를 소개했다. 의재는 그림과 글씨뿐만
아니라 사회적 교류도 활발해 창씨개명을 반대하는 운동을 펼
치기도 했다.

　광주를 대표하는 지주로 꼽혔던, 호남은행 발기인이자 은
행장까지 역임한 무송 현준호가 연진회를 운영하는 데 큰 도움
을 주었다. 의재의 화실인 춘설헌과 가까운 곳에 무송의 주거
지인 무송원이 있었다. 다음은《광주 100년》에 소개된 일화다.


　1935년 6월 상해임시정부에서 활동하다 체포된 안창호가 광주
　를 방문했다. 강연을 마치고 계유구락부가 마련한 만찬에서 허
　백련의 그림을 참석자들의 서명을 받아 선물했다. 당시 참석했
　던 인물은 최흥종, 최영욱, 최원순, 양태승, 김용환, 최윤상, 현
　준호 등이었다. 연진회는 해방공간에서 뿔뿔이 흩어졌다. 1950
　년대 광주 호남동 완벽당 화랑에서 재결성했다.


　의재와 오방 최흥종의 인연도 춘설헌에서 무르익었다. 두
사람은 1948년 무등산 증심사 계곡에 삼애학원을 설립했다.
'삼애'는 하늘과 땅과 민족을 사랑하는 정신을 뜻한다. 증심사

일대의 차밭은 을사늑약 당시 최흥종의 백부로 완도군수를 지
낸 최상진(1852~1931)의 소유였다. 차에 관심이 많았던 의재
는 해방 후 일본인이 운영하던 차공장을 인수해 춘설차라는 상
표로 녹차를 생산했다. 오방은 그 옆에 석아정이라는 별장을
인수해 오방정이라 이름 짓고 생활했다. 삼애학원은 1953년
광주농업고등기술학교로 정식 인가를 받았고 1년 과정에 20
명씩 합숙을 원칙으로 운영했다. 운영자금은 차 재배와 의재의
그림으로 충당했고 의재가 죽던 해까지 30여 년간 243명의 농
촌 지도자를 양성했다. 폐교 뒤 1978년 문을 연 '연진회 미술
원' 800여 명이 현재 광주 화단을 이끌고 있다. 춘설헌 곁에는
의재미술관이 지어졌다.

　　의재는 무등산에 단군 신전을 짓기 위해 많은 노력을 기울
였다. 경향신문(1969.11.19.)을 보면 오른쪽 눈의 시력을 완전
히 잃은 채로 작품활동을 이어갔는데, 죽기 전에 무등산에 단
군 신전을 건립하고 싶은 생각 때문이었다. 도봉산 자락에서
두문불출하고 그린 산수화 39점을 무등산단군신전건립추진위
원회(위원장 이은상)에 내놓았고 1974년 12월 학운동 운림부락
뒷산에 본전, 수련관, 도서관, 합숙소 등을 정부 지원을 받아 준
공했지만 아쉽게 그의 꿈은 이루어지지 않았다.

　　남종화와 함께 차, 독서, 정신수양의 공간이었던 춘설헌은

오방정을 헐고 세운 것이다. 창씨개명을 하지 않고 농촌 지도
자를 양성하며 살았던 의재가 믿었던 것은 흙이었다. 농사를
중시했던 것도 그곳에서 민족혼을 찾고 싶었기 때문인 듯하다.
우리의 얼을 단군신화에서 찾고자 했던 그는 대가의 반열에 올
라선 뒤에도 그림을 팔아 농사를 배우려는 학생들을 뒷바라지
했고, 한쪽 눈을 실명하고도 그림을 그려 단군 신전을 짓고자
했다. 의재 문화유적지에는 의재미술관, 삼애헌, 춘설헌, 의재
묘소, 춘설차 공방, 관풍대 등이 있다.

흙을 믿었던 의재(위 왼쪽)
는 오방 최흥종(위 오른쪽)
과 함께 삼애학원을 설립,
농촌지도자를 양성해냈다.

한국 YWCA 설립자
# 김필례

　여학도 유학. 연동교회당 여학도 졸업생 김필례씨가 학문을 일
층 수업할 차로 작일 삼오 팔시경에 경부철도 제1번 열차를 탑
승하고 일본으로 도거하였다더라.


　황성신문(1908.9.5.)에 실린 기사다. 유학생이 넘쳐나고 우
리나라로 유학 오는 외국인도 많은 오늘의 시선으로는 한 여학
생의 유학이 뉴스거리인가 싶다. 19세기 말 부산 · 원산 · 인천
항 개항과 개화의 바람으로 우리나라에도 신여성이 등장하기
시작했다. 선교사의 영향을 많이 받은 신여성들은 평등사상을
강조하며 여학교를 설립해 여성 교육을 주도했다. 하지만 여
성이 단신으로 동경 유학을 감행한다는 것은 대단한 일이었다.
그 주인공은 독립운동가이자 우리나라 YWCA 설립에 참여했
고 광주 수피아여학교 교장을 지낸 광주 최초의 신여성 김필
례다.

　　김필례는 1891년 황해도에서 태어났다. 황해도 장연군에는 서상륜 · 서경조 형제가 세운 우리나라 최초의 교회인 소래교회(1884년 설립)가 있었다. 1893년 12월 제물포에 도착한 캐나다 선교사 매켄지는 이듬해 2월 소래교회에 도착했다. 초가집이었던 교회를 기와집으로 신축하고 4년제 보통학교인 해서제일학교를 설립했다. 김필례는 이곳에서 김명선 · 노천명 · 양주동 등과 같이 교육을 받았다. 당시는 여성이 신교육을 받기가 쉽지 않았지만 그녀 곁에는 늘 든든한 응원군인 오빠 김필순이 있었다. 김필순은 우리나라 최초로 면허를 받은 의사이자 독립운동가로, 도산 안창호와 의형제 사이였다. 또 큰언니 김구례의 남편 서병호(신한청년당 조직, 대한적십자회 창설), 작은언니 김순애(신한청년당 이사, 정신여자중고등학교 이사장)의 남편 김규식(파리강화회의 민족대표, 대한민국임시정부 부주석)과 함께 조카 김함라와 김마리아(대한애국부인회장)는 수피아여학교 교사였고 독립운동에 나섰던 여성들이다. 오빠, 언니, 형부들이 모두 독립운동을 한 명문가였다.

　　김필례는 정신여학교를 1회로 졸업한 후 1908년 현해탄을 건너 동경여자학원에 입학했다. 일본 동경 YWCA 기숙사에서 생활하면서 한국에도 YWCA 같은 조직을 만들어야겠다는 생각을 가졌다. 1915년 4월 3일 김정화 · 나혜석 · 김정애 등 10명과 함께 동경여자유학생친목회를 조직하고 회장을 맡았다.

당시 일본에는 300여 명의 한국인 유학생이 있었다. 그들은 1913년 '조선유학생학우회'를 조직하고 '학지광'이라는 기관지를 발행 중이었다. 겉으로는 친목단체였지만 나중에 민족운동단체로 발전한다. 하지만 남자 유학생 중심의 조직이다 보니 독립운동과 함께 남녀차별의 벽과도 싸워야 했다.

조국이 망국으로 치닫는 것을 보고 그녀는 1916년 유학을 중단하고 귀국해 정신여학교 교단에 섰다. 1918년에는 최흥종 목사의 동생이자 의사인 최영욱과 결혼한다. 그러던 어느 날 일본에서 같이 유학했던 조카 김마리아가 일본 여성으로 변신하고 찾아왔다. 김필례가 교단에 서기 위해 귀국하자 뒤를 이어 동경여자유학생친목회장을 맡았던 김마리아가 유학 대신 독립운동에 투신해 몰래 품에 안고 온 것은 2·8독립선언서였다. 김필례는 남편이 운영하던 서석의원 지하실에서 독립선언서를 인쇄하고 격문을 만들었다.

광주로 내려온 김필례는 낮에는 수피아여학교 교사, 밤에는 흥학관* 야학 교사로 활동했다. 광주 지역 여성운동 기금을 마련하기 위해 1920년 오웬기념관에서 광주 최초의 피아노 독주회를 열기도 했다. 그 무렵 광주에서 활동한 여성단체는 광주기독교부인전도회, 광주부인회, 광주청년회 서북여자야

---

* 1921년 광주 유지 최명구의 환갑을 맞아 그의 아들 최상현이 광주 지역 청년들을 격려하고자 수양 공간으로 건립해 기부한 건물. 광주학생독립운동, 야학, 시민사회 단체 활동의 장으로 활용되었다.

학 정도였다. 그녀는 조선의 독립은 여성의 계몽에서 시작된다고 믿었다. 일본은 황국신민교육 목표에 따라 조선 여성을 말 잘 듣고 순종하는 여성으로 교육시켰다. 매일신보(1920.9.5.)는 '흥학관에서 여자 야학의 개학식을 흥행하였다는데 입학 지원자가 백여 명에 달하고'라는 기사를 실었다. 동아일보 (1923.11.5.)에도 '김필례 여사의 활동으로 광주에서 부인회라는 여자단체가 재작년에 발기되어 초기에는 성황을 이루었으나 점차 쇠퇴하여'라고 활동을 소개했다.

1922년에는 김활란, 유각경과 함께 YWCA 창립에 참여하였다. 유학을 통해 일본 YWCA와 교류하고 있던 그는 방학이면 동경 YWCA 기숙사에서 생활했고, 학생 YWCA에 가입해 임원으로 활동하기도 했다. 그때 만난 YWCA 여성들의 '일본의 조선 침략' 비판과 솔직한 마음을 듣고 귀국하면 꼭 YWCA를 조직해야겠다고 생각했다. 그리고 북경 청화대학에서 열린 만국기독교학생청년회(WSCF)에 참석해 세계 기독교 지도자들을 만나 그 의지를 굳혔다.

김필례는 YWCA 창립을 위해 전국을 순회하며 조직 결성의 필요성을 강의했다. 임자혜 · 김함라(남궁혁 목사 부인, 김마리아 언니) · 양응도와 함께 광주 YWCA 조직에도 나섰다. 이 과정에서 일본 경찰은 그녀가 창씨개명과 신사참배 거부를 선동한다며 3년 동안 교회를 다니지 못하게 했다. 1924년에는 남편이 유학 중인 미국으로 건너가 여성 교육의 명문인 아그네스 스콧 대학, 컬럼비아 대학원에서 수학하고 1927년 귀국해 신간회 자매단체인 근우회를 조직했다.

1927년부터 수피아여학교가 문을 닫은 1937년까지는 학교 교감으로 재직했다. 1937년 9월 6일 그 동안 신사참배를 거부하던 수피아여학교는 '일본의 전 국민이 기원하는 이 날을 시한으로 신사참배하라'는 최후의 통첩을 받았다. 1930년대 일제는 일본 천황을 신격화하는 강제 신사참배 정책을 추진했는데, 선교사들이 세운 기독교 학교를 중심으로 우상숭배를 금지하는 기독교 교리에 따라 신사참배에 참여하지 않았다. 1937년 중일전쟁 무렵 조선총독부의 참배 압력 강도가 강해졌고 이듬해 조선예수교장로회 총회는 신사참배를 결의했다. 하지만 수피아여학교는 신사참배를 거부, 오전 수업을 마치고 학교 문을 닫은 뒤 자진 폐교했다. 이 일로 김필례는 옥고를 치러야 했다. 수피아여학교는 해방 후 1945년 12월 5일 다시 문을 열었고 그녀는 6대 교장으로 취임했다. 교원 7명에 학생은 2학급 100여 명이었다.

해방 후 미 군정이 들어서면서 남편 최영욱은 초대 전남도지사로 선임되었고 그녀는 미군정청 통역관으로 참여했다. 건국부녀동맹 고문도 역임했다. 회장 김정현, 부회장 현덕신, 총

무 조아라로 구성된 건국부녀동맹의 사업 목표는 첩축출 운동
과 신사참배 불참으로 폐교 당한 수피아여학교와 광주 YWCA
의 재건이었다.

　1947년 광주 생활을 정리하고 모교인 정신여교 교장으로
취임한 그녀는 한국전쟁으로 남편을 잃었다. 전쟁이 끝나고 여
전도회전국연합회 회장과 정신학원 이사장으로 활동하던 그녀
는 1972년 국민훈장 모란장을 받았고 1983년 93세의 일기로
타계했다.

광주의 어머니
# 조아라

조아라는 1912년 전남 나주군 반남면 대안리에서 태어났다. 선친은 기독교 장로교회와 사설학교를 세울 정도로 의식이 깨어 있어 딸을 시집 보내는 대신 광주 최초의 여성 학교인 수피아여학교에 진학시켰다. 조아라는 그곳에서 평생 스승으로 모셨던 김필례 선생을 만났다.

당시 여성들이 교육받을 수 있는 공교육기관은 광주공립보통학교(1906, 현 서석초교)와 광주여자고등보통학교(1927, 현 광주여자고등학교)가 있었다. 하지만 광주공립보통학교는 입학하는 여성이 거의 없어 7회까지 졸업생이 4명에 불과했다고 한다.[*] 선교사들에 의해 운영된 학교는 목포정명여학교(1902), 수피아여학교(1908), 순천 매산여학교(1913), 광주여자공업학교(1912), 이일학교(1922) 등이 있었다. 야학으로는 최흥종 목

---

● 《광주 100년》(금호문화, 1994, 113쪽)

사가 목회하는 북문밖교회(현 중앙교회), 광주여자청년회, 광주 기독교청년회, 향사리교회(현 서현교회) 등이 있었다.

조아라는 수피아여학교를 졸업한 후 선교사 서서평이 운영 하는 이일학교(현 한일장신대) 교사로 활동한다. 1922년 제중병 원 간호사로 근무하던 서서평이 자신의 집에서 성경을 가르치 면서 시작된 이일학교는 한국 최초의 여성 신학교였다. 오웬기 념각 옆 작은 방에서 성경과 과학 등을 가르치다가 양림동 뒷 산의 선교사촌에 붉은 벽돌로 3층 교사를 건축했다. 기숙사 시 설을 갖추고 15~40세의 형편이 어려운 여성을 대상으로 숙식 을 제공했다. 하지만 1941년 9월 신사참배단 사건으로 폐교 당했다.

서서평은 간호사 출신 독일 선교사로 본명은 엘리자베스 요한나 셰핑이다. 미국 남장로교를 통해 1912년 32세의 나이 로 한국에 파송되어 우월순이 원장으로 있는 제중원에서 일한 다. 1923년 조선간호협회(현 대한간호협회) 결성을 주도하고 초 대 회장에 선임되어 11년 동안 일했다. 1934년 54세로 눈을 감기 전까지 전주, 군산, 광주 그리고 제주도와 추자도 등 오지 에서의 선교와 미혼모, 공창에서 일하는 윤락여성, 전쟁고아, 한센인 등 조선에서 소외된 사람들을 보살피는 데 힘썼다. 서 서평은 양림동 선교사 묘지에 묻혔다. 서서평과의 만남은 조아 라가 고아, 이혼녀, 윤락여성 등에 관심을 갖는 계기가 되었을 것으로 보인다.

하지만 조아라는 광주학생독립운동에 참여했던 비밀결사 조직 '백청단'의 주모자로 지목되면서 교사직을 잃었다.《수피아 90년사》는 백청단을 '백의인, 즉 백의민족의 청년들'이라고 설명한다. 일본 경찰의 눈을 피하기 위하여 백청단 단원들은 은지환(은가락지)를 끼고 서로 단원임을 표시했다. 연락도 일대 일로만 했다. 회원은 조아라 외에 김수진 · 염인숙 · 김나일 · 최풍호 · 최기례 · 서복금 등 18명이었다. 태극기를 몸에 지니고 다니다가 여성들을 만나면 태극기의 의미를 설명하고 글을 가르쳤다. 1932년 발각되어 많은 사람들이 피검되었고 조아라가 주모자가 되었다. 조아라는 1937년 신사참배 반대와 관련하여 유치장에 갇히고 1940년에는 일제에 의해 미국 스파이라는 죄목으로 검거되기도 했다.

이후 조아라가 여성운동에 매진할 수 있었던 것은 김필례의 영향이 컸다. 1947년 김필례가 수피아여학교 교장직을 사임하고 모교인 정신여고로 떠나면서 YWCA 상임이사로 재건을 맡은 조아라가 2대 총무로 부임한다. 그녀는 수피아여학교의 재건에도 주력해 1945년 12월 다시 문 열게 했다. 1946년에는 수피아여학교 정식 교사로 임명되었다. 당시 학교 운영이 어렵자 일신방직 공장에서 고무신과 수건 등을 가져와 머리에

이고 다니며 팔아 재정 마련에 힘쓰기도 했다. 한국전쟁 중에는 광천동에 도립모자원, 피난민 수용소, 소화자매원 등 보호가 필요한 아동과 여성을 위한 시설을 설립하는 데 앞장섰다. 전쟁이 끝난 후에는 김필례의 남편인 도지사 최영욱의 요청으로 전남도청 부녀계장을 맡아 학교 일과 병행했다.

고아 소녀들이 YWCA로 모여들자 1954년에는 성빈여사에서 80명을 돌보며 이들을 위한 교육기관으로 호남여숙을 개설했다. 1962년에는 계명여사를 건립해 여성들이 기술을 배울 수 있도록 했다. 특히 윤락여성을 계도하여 일하는 여성으로 만들기 위해 노력했다. 별빛학원을 설립해 생계가 어려운 여학생들의 야학을 운영하기도 했다. 이러한 활동으로 인해 그녀에게는 '광주의 어머니'라는 별명이 붙었다. 1973년부터는 YMCA 회장으로 사회운동에 적극 참여하기 시작했다.

그녀는 인생 후반기를 민주화운동에 쏟아부었다. 그 계기는 광주민중항쟁이었다. 1980년 5월 18일 박에스더의 하와이 출국을 환송하기 위해 서울로 올라가는 길에, 5월 20일 광주로 내려오는 길에, 젊은 학생들과 시민들이 계엄군에게 맞아 피 흘리는 모습을 두 눈으로 똑똑히 보았기에 광주민중항쟁 시민수습위원으로 참여했다. 도청 안에서 회의를 하고 중재안을 가지고 상무대에 머물러 있던 계엄군과 교섭하는 역할이었다. 수습위원이 요구한 내용을 상무대에서 들어주지 않고 최후의 일정이 통보되었다. 도청에서도 긴박하게 마지막 회의가 진행되었다. 마지막 교섭은 무기 반납 여부였다. 의견은 둘로 나뉘었다. 조아라가 나섰다. "거리에서는 어머니들이 물도 주고 주먹밥도 주며 응원하는데 내부에서 둘로 나뉘어 싸우는 것을 볼 수 없다. 광주의 비극 중 비극은 둘로 나뉘어 싸우는 것"이라며

광주 YWCA는 조아라가 생활했던 양림동 일대를 리모델링해 소심당조아라기념관으로 운영하고 있다.

서서평(사진)은 간호사 출신 독일 선교사로 이일학교(현 한일장신대)를 운영했다. 조아라는 서서평과 만나면서 이혼녀와 윤락여성에 관심을 갖게 되었다.

수습위원을 그만두겠다고 했다.

　수습위원 업무로 인해 1980년 5월 29일 체포되어 6개월 옥살이를 한 후 형 집행정지로 나왔다. 이후 광주항쟁 유가족과 구속자를 돕는 일에 나섰다. 최후의 항쟁이 있었던 5월 27일 학생들과 청년들을 끝까지 지켜주지 못한 후회 때문이었다. 1980년대 초반만 해도 5·18 관련자를 돕는 일은 목숨을 거는 운동이었다. 양심수를 위한 행사에도 적극 나섰다. 1992년 분단 이후 처음으로 열린 남북여성토론회에 한국 여성계 대표로 참석했다. 2003년 91세 나이로 눈을 감았다. 광주 YWCA는 그녀가 생활했던 양림동 일대를 리모델링해 소심당조아라기념관으로 운영하고 있다.

나 두 야 간 다

# 용아의 꿈

　시인 용아 박용철은 지금의 광주 광산구 소촌동 태생이다. 소촌동은 솔머리라 부르는 박씨 집성촌 마을이다. 용아의 집안은 부유했다. 그곳은 필자가 중학교 이후 생활했던 곳이며 지금도 어머니가 살고 계신다. 곡성에서 살다 생계와 자식들 교육을 위해 광주로 터전을 옮길 계획이었던 필자의 부모님은 바로 광주로 들어오지 못하고 근교 광산군에 자리를 잡았다. 운이 좋아 첫해 비닐하우스에 토마토를 재배해 큰 성공을 거둔 아버지는 솔머리에 집을 마련했다. 어등산 아래 포도밭이 있는 집이었다. 우리 집 위로는 모두 논과 밭이었는데 이 일대가 용아의 집안 충주 박씨의 땅이었다. 고장의 대표적인 지주였던 용아의 부친 박하준은 광주농공은행 이사로 정낙교, 현기붕과 함께 참여했다. 농공은행은 후에 조선식산은행으로 바뀌었다.

　조선시대 학자 눌재 박상(1474~1530)이 용아 집안이다. 조선 중기 문인으로 호남 선비를 대표하는 청백리다. 가사문학으로 유명한 송순, 정철, 임억령보다 앞선다. 충주 박씨는 기씨, 고씨와 함께 광주를 대표하는 3성으로 꼽힌다. 광주광역시에서는 박상의 호를 딴 '눌재로(서창동, 벽진동 일대)'와 함께 용아 생가 앞을 지나는 도로를 '용아로'라 명명했다. 한 집안에서 두 명의 인물이 도로명으로 채택된 것도 드문 일이다.

용아는 1916년 광주공립보통학교를 졸업하고 휘문의속에 입학했다가 배재학당으로 전학했다. 1920년 자퇴하고 귀향한 뒤 일본으로 유학을 갔지만 관동대지진으로 중단하고 귀국, 연희전문학교에 입학하지만 역시 중단했다.

그가 문학에 관심을 갖게 된 계기는 일본에서 김영랑, 정지용 등과 교유하면서부터다. 김영랑은 용아의 감수성을 알아보고 문학을 적극 권유했고 이를 계기로 용아는 1930년대 사재를 털어 문예잡지 《시문학》《문예월간》《문학》 등 10권을 간행했다. 김영랑 · 정지용 · 정인보 · 이하윤 등이 참여한 동인지 《시문학》은 1934년 3월 창간되어 통권 3호만에 종간했지만 시문학파를 결성한 역할을 했다. 용아가 마음껏 잡지를 낼 수 있었던 배경에는 부친의 경제력이 있었다. 영랑의 첫 시집도 용아가 내주었다.

1930년대 조선의 문학은 크게 리얼리즘, 모더니즘, 순수로 나뉜다. 리얼리즘은 임화와 조선프로레타리아예술가동맹(카프, KAFP)이 중심이 되었고, 모더니즘을 대표한 이는 김기림이었다. 순수문학은 시문학파가 주도했다. 정치 이데올로기에서 벗어나 문학의 자율성과 미학을 추구했던 시문학파는 '현실을 외면하고 부정하는 기교파'라는 카프나 모더니즘 시인들의 비판 속에서도 시를 언어예술로 자리매김하고자 노력했다. 용아가 번역한 하이네, 괴테 등 독일과 영미 시인들의 작품은 이러한 문학세계를 구축하는 데 큰 영향을 주었다. 용아의 작품에서는 서정성에 더해진 민족의식도 엿볼 수 있다. 대표 시 〈떠나가는 배〉가 이를 잘 보여준다. 정지용부터 김영랑까지 그와 교류한 문우들의 스펙트럼도 엿볼 수 있다.

필자가 대학생 때 즐겨 불렀던 노래 〈나두야 간다〉는 용아의 시 〈떠나가는 배〉로 만든 곡이다. 《시문학》 창간호에 실렸던 시로, 생가 앞에 새겨져 있다. 영화 〈고래사냥〉의 주제가이기도 했다. 많은 비평가들은 이 시를 '일제강점기 현실에서 정든 고향을 떠날 수밖에 없는 사람들의 비애'를 보여주는 것으로 해석한다.

버리고 가는 이도 못 잊는 마음
쫓겨가는 마음인들 무어 다를 거냐
돌아다보는 구름에는 바람이 회살졌네
앞 대일 언덕인들 마련이나 있을 거냐
나 두 야 가련다

나의 이 젊은 나이를 눈물로야 보낼거냐

나 두 야 간 다

중학교를 졸업하고 용아 생가가 있는 마을로 이사를 했다. 벼 한 포기 심을 내 땅을 갖지 못했던 아버지와 어머니는 네 남매를 키우기 위해 시골살이를 접고 솔머리에 자리를 잡았다. 그리고 평생 도시 근교에서 토마토, 고추, 수박, 열무를 심어 양동시장과 광주원예농협 공판장에 내다팔았다. 때로는 열무를 손수레에 싣고 시장에서 팔기도 하셨다. '나 두 야 간 다'는 대목에서 농사만 짓다 가신 아버지가 생각나곤 한다. 그때는 용아를 잘 알지 못했다. 학교 갈 때마다 용아 생가를 지났는데 마을 사람들은 그 집을 '교장선생님 댁'이라 불렀다. 그 집에 고모가 세들어 살았던 탓에 할머니도 가끔 그 집을 찾았다. 마당이 넓고 꽃과 나무가 많은 그 집을 보며 부잣집 모양은 아닌데 품격이 있다고 느꼈었다.

시뿐만 아니라 연극에도 관심이 많아 1931년 결성된 극예술연구회에도 참여했던 용아는 1938년 35세 젊은 나이로 타계했다. 사인은 폐결핵이었다. 솔머리가 내려다보이는 광주송정공원에 용아의 시비가 있고 광주공원에는 용아와 영랑의 시비가 나란히 서 있다. 광주송정공원에서 만난 한 노인은 "너무 젊어서 죽어 아쉽다. 그때 일본 유학까지 갈 정도면 대단한 인물이다. 솔머리 박씨의 인물이다"라고 기억했다. 1985년 세워진 시비에는 용아의 시 중 〈떠나가는 배〉가 새겨져 있다. 최근 옛 기억을 더듬어 생가를 찾아가 보니 초가집으로 새롭게 단장해놓고 다양한 문학 프로그램을 진행하고 있었다. 생가를 잘 활용하는 것 같아 다행스럽고 고마웠다.

용아 박용철의 생가는 초가집으로 새롭게 단장해 문학 프로그램을 진행하고 있다.

사랑도 명예도 이름도 남김없이
# 들불열사

  야학은 정규 교육을 받지 못한 사람을 대상으로 야간에 수업을 하는 비정규 교육기관을 말한다. 야학을 통해 일제강점기에는 민족의식을 고취했고 해방 후에는 농촌계몽운동을 펼쳤으며 한국전쟁 이후에는 공교육을 받지 못한 청소년들의 배움터가 되었다. 1970~80년대에는 공장이 많은 도심에서 야학이 이루어졌다. 1970년대 공장에서 노동자들을 대상으로 진행하는 야학을 '노동야학'이라 했다. 학생운동가들이 농촌이나 공장으로 들어가 현장에서 민주화운동을 주도하던 시절이다.

  광주 지역 최초의 노동야학으로는 1978년 광천동성당에서 시작된 들불야학을 꼽는다. 광천동에 자리 잡은 광주공업단지는 1960년대 기계·금속·섬유·화학공업을 중심으로 조성된 광주 최초의 산업단지였다. 시가지가 확대되면서 기아자동차 공장을 제외하고 외곽으로 이전했다. 광주천 건너에는 전남방직과 일신방직 등의 공장도 있어 광천동과 임동 일대에는 농촌에서 올라온 공장 노동자들이 많이 모여 살았다. 이들은 돈을 벌어 고향에 보내는 것 못지않게 배움에 대한 열망과 열정이 가득했다. 그곳에서 야학이 절실했던 이유다.

야학을 창립한 박기순, 5·18 때 최후항쟁을 이끌었던 윤상원, 김영철, 박용준과 전남대 학생회장 박관현, 신영일 등이 모두 들불야학 출신이다. 이들을 들불야학으로 모여들게 한 계기는 5·18이 발발하기 2년 전에 전남대학교 교수 11명이 발표한 선언서 '우리의 교육지표'였다. 박정희 정권에 정면 도전한 교수들이 체포되자 전남대 학생들은 시위에 나섰다. 박기순, 신영일은 학교에서 제적되었다. 서울에서 은행에 다니던 윤상원은 수배를 피해 찾아온 후배들의 이야기를 듣고 취업 6개월 만에 사직, 광주로 내려와 광천동에 있던 공업단지 내 공장에 위장 취업한 후 들불야학에 참여했다.

이후 들불야학은 윤상원이 세를 살던 광천동 시민아파트로 옮겨졌다. 시민아파트는 한국전쟁 직후 피난민들이 머물던 판자촌 자리에 광주 지역 최초로 세워진 연립아파트로, 3층짜리 3개 동에 184세대가 모여 살았다. 도심정비사업지구에 포함되어 철거될 예정이라 주민 대부분이 이주한 상태에서 윤상원이 머물렀던 동 입구에는 들불야학 장소임을 알리는 종이 한장이 붙어 있었다. 광주민중항쟁의 참상을 알리는 투사회보를 제작했던 곳이기도 하다. 최근 지역사회에서 5·18민주화운동의 역사공간을 보존하자는 목소리가 높아지자 2021년 5월 25일 광주광역시, 서구청, 천주교광주대교구, 광천동 주택개발정비사업조합은 '광천동 시민아파트(나동) 보전, 성당 들불야학당 복원'을 위한 업무협약을 체결했다.

들불야학은 가르치면서 배운다는 강학과 배우면서 가르친다는 학강이 있다. 선생과 학생의 관계가 아니라 모두 선생이고 학생이라는 인식이다. 들불야학을 이끌었던 들불열사들은 직간접으로 5·18민주항쟁에 참여했고 살아남은 사람들은 진상 규명과 책임자 처벌 그리고 민주화운동에 헌신하다 죽음을 맞았다.

윤상원과 박용준은 사망한 날이 1980년 5월 27일로 같다. 계엄군과 도청에서 최후의 항쟁을 벌이던 날이다. 윤상원은 마지막까지 도청을 지키던 민주투쟁위원회 대변인으로 최후를 맞았다. 하루 전날 고등학생과 청년들을 도청에서 내보내며 "오늘 우리는 패배할 것이다. 그러나 내일의 역사는 우리를 승리자로 만들 것이다"라는 말을 남겼다. 박용준은 투사회보를 제작하던 중 5월 26일 마지막 일기를 쓰고 27일 새벽 YWCA 창가에서 계엄군과 총격전을 벌이다 숨졌다. 무등고아원이 본적지인 박용준은 광주 YWCA에서 마을운동가 김영철을 만나 들불야학과 인연을 맺었다. 목포의 모자원에서 자란 김영철은 박용준의 아픔을 공감해 자신의 집에서 같이 생활했다. 항쟁기간에 김영철은 시민학생투쟁위원회 기획실장으로 차량과 유류 통제, 도청출입 통제, 무기 및 보급품 관리를 총괄했다. 마지막까지 도청을 지키다 체포되어 고문으로 정신병원 신세를 지다 1998년 운명했다. 신영일은 전남 지역 청년운동을 이끌다 1988년 과로로 쓰러졌다. 박기순은 광천공단에 위장 취업해 노동자로 생활하다 연탄가스로 사망했다.

1982년 2월 20일, 광주 망월묘역에서 윤상원과 박기순의 영혼결혼식이 거행되었다. 4월에는 이들의 결혼식을 기념하는 창작 노래극 〈넋풀이〉가 무대에 올려졌고 〈임을 위한 행진곡〉이 불려졌다. 〈임을 위한 행진곡〉은 이때부터 민주화운동이나 시위 현장에서 불리며 5·18과 광주를 상징하는 노래가 되었다.

들불야학의 거점이 되었던 시민아파트. 1969년 지어진 광주 최초의 아파트로 철거될 예정이다.

2002년 5·18자유공원에 들불열사 기념비와 함께 들불7
열사의 얼굴을 북두칠성으로 형상화한 조형물을 세웠다. 그 옆
으로는 신군부에 저항했던 광주 시민을 구금하고 고문 학대했
던 상무대 영창과 법정을 복원해놓았다. 상무대 이전과 택지개
발로 철거했다가 오월단체의 요구로 100여 미터 자리를 옮겨
복원했다. (사)들불열사기념사업회는 2006년부터 매년 들불
열사의 정신에 맞는 사회활동을 한 인물을 선정해 5월 광주민
중항쟁 기간에 '들불상'을 수상하고 있다. 북두칠성은 어떤 상
황에서도 빛을 잃지 않고 길을 안내하는 별이다. '칠흑 어둠 속
에서 별은 빛나고 혹한을 지나 들꽃은 피어납니다'로 시작되는
'들불열사 영구불망비'의 비문처럼 열사들의 정신이 시대의 빛
으로 빛나길 소망해본다.

걸어서 광주
인문여행
추천 코스

광주 인문여행 #1

# 민주와 인권을 찾아가는 길

> ● 아시아문화전당 → ● 5 · 18민주광장 → ● 상무관 → ● 전일빌딩 → ● 예
> 술의 거리 → ● 광주민주화운동기록관 → ● 우다방 → ● 충장치안센터 →
> ● 광주극장 → ● 광주학생독립운동기념탑 → ● 양동시장

전남도청이 무안으로 이전하고 그 자리에 들어선 아시아문화전
당은 광주민중항쟁 당시 시민군이 신군부의 계엄군에 맞서 최
후의 항쟁을 펼쳤던 곳이다. 다행스럽게 일부 건물이 보전되어
전시관으로 이용하고 있다. 모든 시설이 지하에 위치해 지상은
도심공원으로 조성되었다.

　맞은편, 1980년 광주 시민들이 모여 결의를 다졌던 분수대
와 전남도청 앞 광장은 민주광장이라 부른다. 그곳에는 상무관,
YWCA, 전일빌딩 등 광주민주항쟁의 흔적과 생채기가 오롯이
남아 있다. 기총소사의 흔적이라는 전일빌딩 총탄 자국은 역사
의 증언으로 남았다. 전일빌딩 뒤 예술의 거리에는 화방과 크고
작은 갤러리가 있다. 남도 음식을 맛볼 수 있는 오래된 식당들
도 많다. 전남도청과 동구청이 있던 시절 공무원들이 즐겨 이
용했던 곳이다.

　예술의 거리와 충장로 사이에 금남로가 있다. 금융가와 극

장과 신문사와 방송국이 모여 있는 광주의 중심이었지만 이제 구도심이 되었다. 광주 시민들은 물론 전국에서 민주화를 열망하는 학생, 노동자, 농민들이 광주민중항쟁 당시는 물론 이후 진상 규명과 책임자 처벌을 외쳤던 거리다. 그 기억과 기록을 오롯이 아카이브하는 광주민주화운동기록관이 금남로 구 가톨릭센터에 만들어졌다.

금남로를 가로지르면 충장로 골목으로 들어선다. 7080세대가 즐겨 찾는 충장로는 젊은이들에게도 인기여서 '우다방(광주우체국 앞)'과 '충파(충장파출소)'가 여전히 대표적인 약속 장소다.

광주우체국 앞은 광주 시민들의 약속장소일 뿐만 아니라 도청 앞 민주광장의 축소판이라 할 아고라 광장이었다. 집회와 거리시위 그리고 민간단체의 홍보활동이 이곳에서 이루어졌다. 이제 그 자리는 프랜차이즈 커피숍이 자리를 잡았다.

충파는 지금 '충장치안센터'로 바뀌었다. 충장로 3가의 끝자락에 위치해 있고 횡단보도를 건너면 충장로 4가에 해당한다. 충장로 1~3가에는 액세서리, 핸드폰, 패스트푸드 체인점 등이 자리잡았고 4가에는 한복집과 금은세공을 하는 가게들이 많다. 가게 안쪽에 바느질이나 세공을 하는 장인들의 가정집이나 작업장이 자리해 도깨비 거리라고도 불렀는데, 이들을 대상으로 하는 백반집이나 허름한 식당들도 많았다. 지금도 몇 집은 운영을 하고 있어 일부러 찾는 이도 있다.

충장로에는 지금은 사라졌지만 무등극장, 제일극장 등 극장이 많았다. 1933년 문 연 **광주극장**은 여전히 단관극장으로 예술영화를 상영하며 운영 중이다. 근대문화유산으로 재조명해야 할 자산이다.

충장로와 제봉로가 만나는 길에 **광주학생독립운동기념탑**이 있다. 11월 3일이 '학생의 날'이 된 배경이 바로 광주공립보통학교(현 광주일고) 학생들이 주도한 광주학생독립운동이었다. 이곳에서 광주천을 건너면 광주 최대 시장인 **양동시장**이다.

광주 인문여행 #2

# 전남대 교정 산책, 민주길

●정문(5·18사적지 1호) → ●박관현 언덕 → ●윤상원 숲 → ●김남주 뜰 → ●교육지표마당 → ●5·18광장 → ●오월열사 기억정원 → ●동문(후문) → ●박물관 → ●용지 → ●용봉관(5·18기념관) → ●정문

전남대학교는 전라남도의 거점 대학이자 전라도를 대표하는 대학이다. 광주민중항쟁을 이끌었던 지도부가 대부분 1970년대 전남대학교 학생들이었다. 학생뿐만 아니라 교수들도 강의실에서 거리로 나섰다. 이후에도 지속된 민주화운동 과정에서 많은 학생이 고문에 희생되고 목숨을 잃기도 했다. 전남대는 이들의 숭고한 뜻을 기억하고 후세에 전하기 위해 교내에 '민주길'을 조성했다. 교내 11개 기념공간을 3개 동선으로 연결하여 정의의 길, 인권의 길, 평화의 길로 만들었다.

- **정의의 길:** 정문 → 박관현 언덕 → 윤상원 숲 → 김남주 뜰 → 교육지표마당 → 벽화마당 → 박승희 정원 → 5·18광장 → 용봉관 → 정문(1.7킬로미터)
- **평화의 길:** 정문 → 수목원 → 윤한봉 정원 → 윤상원 숲(1.5 킬로미터)

● **인권의 길**: 정문 → 용지 → 동문(후문) → 오월열사 기억정원
→ 용봉열사 추모의 벽 → 5·18광장(2킬로미터)

세 코스를 재구성해 하나의 루트로 만들어보았다. 출발은
5·18사적지 1호인 전남대 정문이다. 1980년 5월 17일과 18
일 이곳 정문에서 경찰과 시위대의 충돌이 발생했다. 정문을
지나 용봉탑 왼쪽 언덕을 오르면 법과대학으로 가는 길이다.
그 언덕을 박관현(법학과) 언덕이라 부른다. 법과대학을 지나
사회과학대학으로 이어지는 곳에는 윤상원(정치외과학과) 숲이
있다. 1980년 당시 박관현은 총학생회장, 윤상원은 시민군 대
변인이었으며 모두 들불야학에서 활동했었다. 사회과학대 건
물 안에는 윤상원 홀이 있다.

시간이 여유롭다면 이곳에서 평화의 길 윤한봉(축산학과)
정원에 다녀와도 좋다. 1952년 농과대학 개교와 함께 조성한
메타세쿼이아 숲으로, 1950년 한국전쟁기에 심은 나무가 번식
해 숲이 조성되었다. 유명한 담양 메타세쿼이아 길도 이곳 1세
대 나무를 채취해 삽목한 2세대 나무다.

경영대학을 지나면 전남대학교에서 가장 오래된 건물인 인
문과학대학 1호관에 이른다. 1955년 용봉동에 전남대가 자리
잡을 때 지어진 건물로 등록문화재다. 이곳에는 〈함께 가자 우
리 이 길을〉로 유명한 혁명시인 김남주(영문학과) 홀과 김남주
뜰이 있으며 건물 앞에는 교육지표 사건을 기념하는 교육지표

마당이 있다. 인문과학대학을 지나면 집회가 열리는 5 · 18광
장(하얀색 도서관 건물이 있어 '백도앞'라고 함)이다.

　공과대학 방향으로 5분 정도 걸으면 용봉열사 추모의 벽,
후문으로 향하면 오월열사 기억정원을 만난다. 한국 민주주의
를 위해 목숨을 바친 열사들의 이름과 이력이 새겨진 벽이다.
후문으로 가는 길은 플라타너스가 우거진 숲길로 가을 낙엽이
아름답다. 후문을 지나면 식당과 카페가 있어 쉬어가기 좋은
박물관에 이른다. 박물관 옆 용지는 연못과 나무가 어우러져 시
민들도 즐겨 찾는 멋진 산책 코스다. 용지를 한 바퀴 돌고 나면
용봉관과 만난다. 1957~2005년 대학 본부로 사용했던 건물로
등록문화재로 지정되었다. 지금은 '5·18기념관'으로 사용하
고 있다. 용봉관에서 메타세쿼이아 길을 따라 처음 출발한 정
문으로 나올 수 있다. 중간에 큰 느티나무가 있어 잠시 쉴 수도
있다.

광주 인문여행 #3

# 광주 근대를 찾다, 양림역사문화마을

> ●양림마을이야기관 → ●한희원미술관 → ●양림동 오거리 → ●선교사기
> 념비 → ●오방최흥종기념관 → ●유진벨선교기념관 → ●소심당조아라기
> 념관 → ●선교사묘역 → ●우일선/피터 선교사 사택 → ●양림동 호랑가시
> 나무 → ●커티스메모리얼홀(배유지기념예배당) → ●양림교회 → ●오웬
> 기념각 → ●펭귄마을

광주천 건너 서쪽에 위치한 양림동은 외국인 선교사들이 들어
와 정착한 마을이다. 양림산과 사직공원 아래에는 한옥이, 언
덕에는 선교사들 사택이 어우러져 있다. 광주천 건너 멀리로
무등산이 보인다. 고층 아파트가 생기기 전에는 무등산이 한폭
으로 시야에 들어왔을 것이다.

　광주천에서 양림동으로 들어오는 입구에 양림마을이야기
관이 있다. 이곳에서 양림동의 정보와 지도 등을 얻을 수 있다.
양림동의 중심인 양림 오거리로 들어오는 길에는 오래된 한옥
들이 몇 채 있는데 최승효와 이장우의 가옥 등이다. 이장우 가
옥은 직접 들어가 둘러볼 수 있다. 오거리로 걸어가면서 골목
을 기웃기웃 해보자. 예술가들이 운영하는 독특한 공간들이 모
여 있다. 광주와 남도를 서정적으로 그려낸 작가 한희원이 직

접 운영하는 **한희원미술관**도 그 골목에 있다.

　**양림동 오거리**에는 청년들이 운영하는 카페와 식당, 주택을 멋지게 개조한 레스토랑, 광주에서만 맛볼 수 있다는 상추튀김 등 맛집들이 즐비하다. 오거리에서 도로를 따라 사직도서관으로 이동하다 보면 광주에서 최초로 목회를 했던 장소에 세워진 **선교사기념비**를 만날 수 있다. 외국인 선교사의 영향을 크게 받은 오방 최흥종은 광주 최초의 목사로 광주 YMCA를 설립했고 교육자, 독립운동가, 빈민운동가로도 활동했다. 광주 근현대사에서 큰 족적을 남긴 그를 기념해 2019년 양림동에 **오방최흥종기념관**을 세웠다. 가까운 곳에 광주에서 처음 선교활동을 한 **유진벨선교기념관**이 있고, '광주의 어머니'라 불리는 **소심당 조아라기념관**도 인근에 있다.

　양림산을 오르면 가장 먼저 **선교사묘역**을 만날 수 있다. 선교사들이 활동하던 시기에는 민가로부터 떨어진 외진 곳이었지만 지금은 산책로로 이용되고 있다. 유진벨, 오웬, 서서평 등 광주에서 활동한 선교사들의 묘비가 세월이 켜켜이 쌓인 모습으로 서 있다. 이들은 광주의 근대사를 만들고 지역 엘리트를 양성해내는 큰 역할을 했다. 옆에는 광주·전남 지역에서 선교활동을 하다 목숨을 잃은 순교자 이름과 내력을 기록한 조형물이 세워져 있다. **우일선 선교사**와 **피터슨 선교사의 사택**은 양림산 둘레길 코스에 속해 있다.

　돌아오는 길에는 **호랑가시나무**를 찾아보자. 선교사들이 만든 광주 최초의 여학교인 수피아여중고등학교에는 **배유지기념예배당**이 있다. 양림산에서 내려와 도로를 건너면 1904년 12월 세워진 광주 최초의 교회 **양림교회**를 만날 수 있다. 이곳에서 광주 지역 3·1운동이 시작되었다. 옆에는 **오웬기념각**이 있다. 이곳에서 양림동 오거리를 지나 천변으로 향하다 보면 **펭귄마을**에 이른다. 주민 40여 가구가 사는 이 마을은 지금 공예특화거리로 변신하고 있다.

양림역사문화마을은 테마 여행으로 기독교문화길·양림동생태길·문화산책길·광주정신길을 해설사가 안내하며, 투어프로그램으로 건축투어와 선교투어가 있다.

광주 인문여행 #4

# 도심에서 만나는 숲길, 푸른길

> ● 광주역 → ● 푸른길(동구구간) → ● 푸른길(필문로구간) → ● 농장다리
> → ● 동명동 → ● 남광주시장 → ● 푸른길(대남로구간) → ● 백운광장 →
> ● 푸른길(주월~진월구간) → ● 광복촌

푸른길은 광주역에서 진월동까지 도심 한가운데를 지나는 경전선 도심철도를 이설하면서 생긴 폐선 철도 중 10.8킬로미터를 걷는 길로 조성한 곳이다. 광주광역시가 택지를 조성하려고 했던 땅인데 시민사회의 제안을 받아들여 용도를 변경했다. 길의 조성 기획과 관리에도 시민사회가 참여하고 있어 요즘 주목받는 재생이나 뉴딜의 모델로 손색이 없다.

　길은 광주역에서 시작된다. 전 구간을 걸어도 좋지만 중간에 동명동, 양림동, 아시아문화전당 등으로 빠져 구경하는 재미도 있다. 조선대 정문까지 이어지는 동구구간(2.8킬로미터)은 계림동, 산수동, 동명동을 지난다. 이어지는 푸른길은 조대 정문에서 전남대병원에 이르는 필문로구간(535미터)으로 가장 먼저 개통되었다. 길이는 가장 짧지만 충장로, 동명동, 아시아문화전당과 가깝고 시민들이 많이 이용하는 길이다. 작은 음악회와 전시회 등이 열리기도 한다.

여기서 잠깐 철길을 가로지르는 농장다리를 지나 동명동으로 빠져보자. 농장다리는 동명동에 광주교도소가 있던 시절 죄수들이 농장으로 일하러 갈 때 건너는 다리였다. 동명동에 젊은층이 좋아하는 파스타, 피자, 커피 등의 맛집이 많다면 농장다리 인근에는 전라도식 한정식집이 많았다. 전남도청 이전과 신도심 형성으로 많은 식당이 자리를 옮겼지만 지금도 몇 집은 남아 있다. 동명동은 고급 주택을 리모델링한 카페와 레스토랑이 들어오면서 '동리단길'로 불리며 광주의 핫플이 되었다. 전남대병원 맞은편에는 남광주시장이 푸른길과 접해 있다. 활어와 선어를 맛볼 수 있는 곳이다.

광주천을 가로지르는 푸른길은 광주천변에서 백운광장까지 이어지는 대남로구간(1.7킬로미터)이다. 하늘이 보이지 않을 정도로 숲이 우거져 도심에서 숲을 느낄 수 있다. 느티나무가 주종으로 봄에는 연록색의 아릿함이, 여름이면 녹음이, 가을이면 단풍, 겨울이면 눈 오는 풍경이 아름다워 어느 계절에 걸어도 좋다. 중간에 양림동으로 빠져나갈 수도 있다. 대남로를 따라 이어지는 푸른길이 만나는 곳은 백운광장이다. 나주에서 광주로 들어오는 길목으로, 남광주와 동광주로 이어지는 순환도로 거점이었지만 도시가 확장되면서 도심 복판으로 바뀌었다.

백운광장을 건너 이어지는 푸른길은 주월~진월구간(2.8킬로미터)이다. 주거 지역을 지나는 구간이며 중간에 광복촌을 만난다. 광복촌은 1976년 무주택 독립유공자와 후손들을 위해 금당산 아래 조성한 곳으로, 선명학교와 경전선(지금 푸른길) 사이에 주택 12채가 지어져 3·1운동, 광주학생운동, 광복군 등으로 활동한 유공자와 후손들이 생활했다. 흔적이 희미해지는 광복촌 유래비가 최근 세워졌다.

광주 인문여행 #5

# 가사문학을 찾아가는 길

●충효마을 → ●왕버들 → ●충효동 정려비각 → ●환벽당 → ●취가정 →
●광주호수생태공원 → ●소쇄원 → ●식영정 → ●송강정 → ●면앙정 →
●가사문학관

광주의 중심 상권인 '충장로'는 충장공 김덕령 의병장의 시호
에서 가져온 이름으로 1946년 명명되었다. 충장공이 태어난 **충
효마을**은 무등산 수박 산지로 알려진 광주 북구 금곡마을과 담
양군 남면 지실마을 사이에 있다. 광주와 담양이 충효마을 동
쪽 증암천을 사이에 두고 나뉜 형국이다. 충효마을 앞에는 천
연기념물로 지정된 **왕버들** 세 그루가 있다. 마을에서는 '김덕
령 나무'라 부른다. 나무 아래 정조 임금이 충효리라는 마을 이
름을 내렸다는 **충효동 정려비각**이 있다. 비 앞면에는 '조선국
증좌찬성 충장공 김덕령 증경경부인 흥양이씨 충효지리'라고
새겨져 있다. 비를 세우게 된 내력을 음각으로 새겼으니 살펴
보자. 마을로 들어서면 장군의 생가터가 있고, 호젓한 골목길
도 걷기 좋다.

　마을과 인접한 곳에는 장군의 사촌 김윤제가 지은 **환벽당**,
김덕령이 꿈에 나타나 억울함을 시로 주고 받았다는 석주 권필

이 지은 **취가정**이 자리를 잡았다. 환벽당은 광주광역시 기념물 제1호이며 대한민국 명승 제107호다. 정철이 열네 살 때 이곳에서 우연히 김윤제를 만나 관직에 나갈 때까지 10여 년을 유숙한 곳이다. 취가정은 한국전쟁으로 소실된 것을 후손과 친족들이 중건했다.

마을을 돌아보고 도로를 건너면 **광주호수생태공원** 입구에 이른다. 광주댐 조성 후 수변 지역을 걸을 수 있도록 나무 데크를 놓고 쉼터를 만들었다. 호숫가에 자연관찰원, 자연학습장, 수변습지 등이 있고 그 주변에는 카페와 레스토랑이 들어섰다. 인근에 무등산생태탐방원이 있어 예약하면 숙박도 할 수 있다. 국립공원관리공단이 지정한 명품마을 평촌반디마을도 가까워 다양한 체험과 숙박도 가능하다. 백일홍이 피는 계절에 찾으면 더욱 좋다.


광주댐에 물을 공급하는 증암천을 건너면 담양군 지실마을이다. 이곳에서 도로를 따라 하천을 거슬러 30여 분 올라가면 소쇄원에 이른다. **소쇄원**은 양산보가 기묘사화로 스승 조광조가 사약을 받고 죽자 내려와 은거하면서 지은 정원이다. 물이 흐르는 계곡을 사이에 두고 건물을 지어 자연과 인공이 조화를 이루는 조선시대 정원을 대표한다.

그 아래로 하천을 따라 멀지 않는 곳에 **식영정**이 자리했다. 김성원이 스승이자 장인인 석천 임억령을 위해 지은 정자다.

이곳에서 임억령, 김성원, 고경명, 정철 등이 교류하여 '식영정 4선'이라 불렀다. 식영정과 환벽당 사이에 무지개다리를 놓고 김윤제와 김성원이 왕래했다고 한다.

송강 정철이 낙향하여 지냈던 **송강정**(담양군 고서면 원강리) 과 송순이 건립한 **면앙정**(담양군 봉산면 제월리)도 멀지 않은 곳에 있으니 한 코스로 묶어 돌아보면 좋다. 이들 정자를 매개로 송순의 〈면앙정가〉, 정철의 〈성산별곡〉〈속미인곡〉〈관동별곡〉 등 많은 가사문학이 탄생했다. 누정은 산수가 좋은 곳에 자연과 조화를 이루어 지었다. 건물도 가치가 있지만 인간의 본성을 자연에서 찾으려 했던 조선시대 문인의 자연관과 인생관을 엿볼 수 있다. 남도의 문인들은 이곳에서 풍류를 즐기고 후학들을 가르치고 나라가 위기에 처하면 분연히 떨쳐 일어났다. 담양군은 2000년 10월 지실마을에 **가사문학관**을 개관했다. 가사문학 관련 글과 그림 및 유물 1만여 점을 전시하고 연중무휴로 개관한다.

광주 인문여행 #6

# 무등산을 걷다

---

●의재미술관 → ●증심사 → ●오방정 → ●중머리재 → ●장불재 → ●입
석대 → ●서석대 → ●원효사

---

광주를 제대로 보려면 무등산을 올라야 한다. 무등산은 광주, 화순, 담양을 아우르는 호남의 중심으로 전체 면적은 75.4 제곱미터, 정상 높이는 해발 1187미터다. 2013년 3월 우리나라에서 21번째로 국립공원으로 지정되었다. 사계절 다양한 동식물이 서식하며 천왕봉을 중심으로 서석대와 입석대 등 수직 절리상의 암석이 일품이다.

무등산에 오르는 길은 여럿이다. 국립공원 탐방로, 민간에서 만든 무등산옛길과 무등산둘레길, 세계지질공원으로 등재된 이후 만들어진 지오트레일 등이 있다. 어느 길을 걸어도, 어느 계절에 걸어도 만족할 만한 길이다. 무등산이 그만큼 넉넉하고 풍요롭기 때문이다. 그중 가장 많은 사람이 걷는 길이 증심사에서 시작해 중머리재와 장불재를 거쳐 무등산 최고의 절경 입석대와 서석대에 오른 뒤 원효사로 내려오는 길이다. 반대로 동선을 잡아도 좋다.

가장 쉽게 접근할 수 있는 코스는 시내버스를 타고 증심사까지 이동해 걷기 시작하는 길이다. 증심사 계곡은 한때 광주 사람들의 피서지였고 닭집과 보리밥집이 많은 유원지였다. 술과 음식과 노래가 난무했던 계곡은 정비를 통해 시설지구를 제외하고는 취사나 야영을 할 수 없게 되었다. 고찰 증심사로 가는 길에 의재미술관과 춘설헌을 찾을 일이다. 한국화의 대가 의재 허백련이 해방 후부터 타계한 1977년까지 기거하며 작품활동을 했던 곳이 춘설헌이고 그 작품이 의재미술관에 전시되어 있다.

증심사는 광주를 대표하는 사찰이다. 무등산의 성자라 일컫는 최흥종 목사의 흔적도 만날 수 있다. 1930년대 일제의 신사참배 강요로 교회가 흔들릴 때 최흥종 목사는 증심사 계곡 산림마을의 작은 오두막 거처 '오방정'에 은둔했다. 그곳에 삼애학원이라는 농업전문학교를 세우고 허백련과 함께 운영했다. 증심사에서 중봉으로 가는 길목에 있는 오방정은 신림교회가 오방수련원으로 이용하고 있다.

중머리재는 많은 사람들이 밟고 머물러 흙과 바위가 드러난 상처투성이였지만 최근 국립공원의 체계적인 복원이 진행되어 안정화되고 있다. 중봉에서 보는 무등산의 웅장함이 멋지다. 중봉에서는 세인봉과 토끼봉 등으로 길이 갈라지는데 곧장 올라가면 장불재로 이어진다. 증심사~중봉 코스는 가파른 바윗길이지만 중봉~장불재 코스는 완만하고 흙길도 있다. 장불재에서 보는 **입석대**와 **서석대가** 장관이다. 봄날의 철쭉, 가을날의 억새와 어우러진 모습은 길을 오르는 내내 감탄을 자아낸다. 세계지질공원의 최고 명소다. 서석대에서 바라보는 광주 시가지의 모습도 일품이다. 무등산 정상 천왕봉은 1966년 군부대가 주둔하면서 일반인 접근을 통제했다. 광주 시민들의 개방 요구가 이어지면서 2011년부터 철쭉이 만개하는 5월에 개방해왔다. 국립공원으로 지정된 후로는 개방일이 결정되면 국립공원 통합예약시스템을 통해 사전예약을 받고 있다.

증심사의 반대쪽에 자리 잡은 원효사에서 출발해 무등산 정상으로 오르는 길은 흙길과 바윗길이 섞인 급경사라 조심해야 한다. 원효사까지 시내버스가 운행되고 있다. 좀 더 긴 트레킹을 원한다면 산장 입구의 '무등산옛길' 출발점에서 시작하는 방법도 있다. 이 길은 무진고성을 지나 소금장수들이 오갔다는 소금길, 제4수원지, 충장사를 거쳐 원효사까지 이어진다. 경사가 심하지 않고 흙길이라 걷기 좋다.

광주 인문여행 #7

# 안전하고 아름다운 광주천 자전거길

---

●학동·증심사입구역 → ●양림동역사문화마을 → ●남광주시장 → ●양
동시장 → ●발산마을 → ●서창

---

광주에 자전거 바람이 불기를 기다린다. 2021년 광주광역시가
전국 최초로 '자전거 정책자문관'을 위촉했다. 자전거 정책을
수립하는 데 도움을 받기 위해서다. 모든 도로에 자전거길을
내는 것이 유행한 적이 있었다. 사람 다니기도 비좁은 인도에
어김없이 금을 그어 자전거 표시를 했다. 녹색성장으로 지속가
능한 발전을 꾀하겠다던 시절이다. 4대강도 녹색성장의 결과
물이다.

그때나 지금이나 광주에서 안심하고 자전거를 탈 수 있는
곳이 광주천이다. 출발은 <u>학동·증심사입구역</u>이다. 광주천을 따
라 달리다 보면 봄에는 버들강아지와 광대나물, 가을에는 억새
가 군락을 이룬다. 중간에 쉼터와 운동시설 등이 마련되어 있
고 도심과도 연결되므로 자유롭게 코스를 잡을 수 있다. 증심
천과 합류되면서 수량이 늘어 제방을 막아놓은 곳에서는 물고
기와 새들이 노니는 모습도 볼 수 있다. 학동·증심사입구역에

서 10분 정도 달리면 **양림동역사문화마을** 입구에 이른다. 선교
사들이 머무르며 광주의 근대화를 시작한 곳이다. 당시의 선교
사 사택, 교회, 한옥 건물들이 근대문화유산으로 지정되어 있
다. 주민들이 살던 마을과 골목은 예술인 거주지가 되었다. 맞
은편에는 구 남광주역과 **남광주시장**이 있다. 광주를 대표하는
수산물시장으로 계절에 따라 꼬막, 병어, 낙지, 숭어 등을 구입
하거나 맛볼 수 있다.

다시 광주천을 따라 5분 정도 내려오면 충장로와 이어지는
길을 만난다. 충장로와 금남로, 옛 전남도청과 분수대가 있는
민주광장을 볼 수 있다. 주말이면 다양한 공연과 축제가 펼쳐
지므로 프로그램을 미리 확인하면 좋다. 충장로 광주우체국 근
처에는 상추튀김을 파는 식당과 우리나라 유일의 단관극장인
광주극장도 있다.

5분 정도 더 내려가면 전라도에서 가장 큰 **양동시장**이 있
다. 시장에서 장사하던 어머니들이 주먹밥을 만들어 시민군에
게 제공했던 일을 기념하는 상징탑이 입구에 세워져 있다. 닭
전머리의 통닭집과 홍어전이 유명하다.

양동시장과 도로를 사이에 두고 이어지는 언덕 위 마을이
**발산마을**이다. 개발사업으로 철거될 위기에 놓인 마을을 예술
마을로 조성해 '청춘발산마을'로 다시 태어났다. 발산마을을
지나면 담양에서 내려오는 영산강 본류(지역에서는 극락강이라
부름)와 광주천이 합류한다. 이곳부터 **서창**에 이르는 길은 자

전거를 타고 질주할 수 있는 구간이다. 장성에서 내려오는 황룡강이 합류하는 곳까지, 멀리는 4대강 사업으로 만들어진 승촌보까지 갈대 군락이 장관을 이룬다. 곳곳에 코스모스를 심어놓아 영산강과 멋지게 어우러진다.

광주 인문여행 #8

# 자전거로 달리는 화려광산길

---

● 1913송정역시장 → ● 임방울 생가 → ● 박용철 생가 → ● 장록습지 →
● 월봉서원

---

황룡강은 영산강 제일의 지류다. 장성을 거쳐 광주 광산구를
가로질러 영산강 본류와 합해진다. 광산구가 광주광역시에 흡
수되기 전인 광산군 시절 생활용수, 농사, 교통, 생업까지 황룡
강에 의지했다. '화려광산길'은 그 물길을 따라 펼쳐진 남도 근
현대사와 문화 그리고 생태환경을 자전거로 돌아보는 인문생
태여행길이다.

　1913송정역시장은 1913년 '매일송정역전시장'으로 시작되
었다. 송정리에서는 '매일시장'이라 불렀다. 인근 오일시장과
구분하기 위해 붙여진 이름이다. 임방울 생가는 1913송정역시
장과 지척인 광산구 도산동 원도산마을에 있다. 〈쑥대머리〉로
유명한 임방울은 나라를 잃은 조선 백성들의 한을 대변하는 소
리꾼이었다. 화려한 무대보다 가설극장이나 장터를 좋아했고,
〈호남가 단가〉가 실린 콜럼비아레코드 음반이 일제강점기에
20만 장 판매된 기록을 남겼다.

송정역에서 영광통 사거리를 지나 송정중앙초등학교까지 자전거로 10분 정도 소요된다. 그곳에 '솔머리'라는 소촌동 자연마을이 있다. 〈떠나가는 배〉로 유명한 시인 박용철 생가가 있는 마을이다. 지금은 소촌공단이 생기고 도로가 뚫리고 아파트가 들어섰지만 1980년대까지만 해도 논과 밭뿐인 농촌마을이었다. 집안이 소촌동 일대에 많은 땅을 가지고 있던 용아 박용철은 일본 유학 때 김영랑을 만나 문학의 꿈을 키웠고 시문학파를 조직해 순수시 전문지 《시문학》을 발간했다.

용아 생가에서 황룡강을 따라 영광 쪽으로 달리다 보면 2020년 국내 1호 도심 국가습지로 지정된 장록습지를 만난다. 광산구 어룡동 호남대 정문에서 영산강과 합류하는 송정2동까지 2.7킬로미터 구간이다. 수달, 흰목물떼새, 새호리기, 삵, 우리나라 고유어종인 퉁사리 등이 확인된 이곳은 걷는 길과 자전거길, 쉼터 등을 갖추어 도시인들의 소중한 휴식처가 되었다. 황룡강 인근 송산유원지는 민물매운탕이 유명하고 송정리 떡갈비도 여행객들의 사랑을 받고 있다.

황룡강을 거슬러 올라가다 보면 백년산 자락에 월봉서원이 있다. 퇴계 이황과 8년간 사단칠정을 논한 고봉 기대승의 위패를 모신 곳이다. 그가 경연에서 논한 내용을 묶은 《논사록》은 이후 조선 임금의 필독서가 되었다.

광주 인문여행 #9

# 광주의 둘레길, 빛고을산들길

---

1코스: ●용산교 → ●삼각산 → ●도동고개 (10.4킬로미터)

2코스: ●도동고개(장등동) → ●비탈봉 → ●군왕봉 → ●무진고성 →
●장원봉 → ●전망대 → ●학운초교 (13킬로미터)

3코스: ●동적골 → ●무등산 자주봉 → ●금당산 → ●풍암호수 (16킬로미터)

4코스: ●풍암호수 → ●만귀정 → ●창교 → ●평동역 → ●평동저수지 (16.6
킬로미터)

5코스: ●평동저수지 → ●복룡산길 → ●송산유원지 → ●황룡강 →
●임곡역 (17킬로미터)

6코스: ●임곡역 → ●진곡 → ●진성제 → ●하남산단 → ●광주 시민의 숲
→ ●월출교 → ●용산교 (16.6킬로미터)

---

광주에는 무등산을 동쪽에 두고 분적산 · 제석산 · 금당산이 남
서쪽으로, 장원봉 · 군왕봉 · 삼각산이 북쪽으로, 어등산이 서쪽
으로 펼쳐져 있다. 그 사이로 영산강과 황룡강 · 광주천 · 대촌
천 · 지석천 등 영산강의 지천이 흐른다. 산골 사이에 사람들이
모여 살고 물길 주변은 논밭으로 가꿔 생계를 해결했다. 빛고
을산들길은 마을길, 강변길, 산길, 들길, 도심길, 골목길을 따라
광주의 속살을 살펴보는 길이다. 산들산들 걷는 6개 코스의 총
거리는 81.5킬로미터다.

1코스의 으뜸 경관으로는 삼각산을 꼽는다. 높이는 264미터에 불과하지만 오치·문흥동·삼각동·생룡동·일곡동·장등동을 아우르는 도심 속 허파라 할 만하다. 도시가 팽창하면서 산을 둘러싸고 일곡지구와 문흥지구 등 새로운 주거단지가 조성되었다. 삼각산은 이곳 주민들의 산책로로 바뀌었다. 문흥지구든 일곡지구든 어느 쪽으로 올라도 한 시간 정도면 다녀올 수 있다. 코스 주변에 광주역사민속박물관·국립광주박물관·남도향토음식박물관·광주비엔날레관 등이 있다.

2코스는 광주를 한눈에 내려다볼 수 있는 군왕봉과 장원봉이 포인트다. 그 사이로 무진고성이 있다. 장원봉이나 군왕봉은 산수동 전망대에서 올라가면 한 시간 이내에 도착한다. 특히 군왕봉은 시야가 180도 트여 동구·남구·서구·북구·광산구 모든 도심이 눈에 들어온다. 도심 조망만 본다면 무등산 서석대보다 좋다. 《신증동국여지승람》에는 '장원봉은 무등산의 지붕으로 속설에 향교가 옛날 봉우리 아래 있었고 고을 사람 중 장원하는 자가 많아 이름이 생겼다'라고 기록되어 있다. 전망대에서 장원봉으로 오르는 길에는 작은 돌멩이가 많으니 조심해야 한다. 주차할 곳이 마땅치 않으니 시내버스를 이용하는 것이 좋다.

3코스는 도심 속의 산 금당산을 끼고 도는 길이다. 도심 한복판에서 한 시간 내에 1000미터가 넘는 산으로 들어설 수 있다는 것도 자랑할 일이지만, 도심 한가운데서 6킬로미터가 넘는 산길을 걸을 수 있는 것도 행복이다. 풍암호수길까지 포함하면 8킬로미터에 이른다. 금당산은 무등산에서 분적산으로 이어지는 지산이다. 풍암호수는 1956년 농사를 짓기 위해 만든 저수지였다. 호수에는 연꽃 등 수생식물이 자라고 주변에는 장미공원이 만들어져 있다.

4코스의 으뜸은 영산강이 만들어낸 서창평야의 들길이다. 이곳에 세곡을 모았다가 조운선으로 영산창까지 운반했다. 서창이라는 이름도 여기서 비롯된 것이다. 광주 서문거리와 나주 북문거리를 연결하는 나루를 서창나루라 했는데, 지금의 서창교 언저리다. 서창교는 자전거 타는 사람들이 많이 모이는 곳이다. 광주천과 영산강이 연결되는 물길을 따라 천변과 고수부지에 자전거 전용도로가 만들어져 있다. 멀리 영산포와 나주까지 이어진다. 가을이면 고수부지에 갈대가 군락을 이루어 노을과 어우러진 하얀 갈꽃을 카메라에 담기 위해 찾는 사람이 많다.

5코스는 황룡강을 따라 걷는 길이다. 황룡강은 장성군 북하면 신성리 입암산성에서 발원하여 광주 광산구 유계동에서 영산강과 합류한다. 영산강과 만나는 황룡강 장록습지에는 수달, 삵, 새호리기, 흰목물떼새 등 4종의 멸종위기종을 포함해 총 829분류군의 다양한 야생생물이 서식한다.

6코스는 임곡역에서 출발해 1코스의 출발지인 용산교에 이르는 길로 광주 시민의 숲, 첨단단지와 광주과학기술원을 거친다. 임곡역이 있는 임곡동은 5·18시민군 대변인으로 활약했던 윤상원 열사가 태어난 곳이다. 광주광역시에 속하지만 한적한 시골 신작로를 떠올리게 하는 길들이 이어진다. 걷는 것도 좋고 자동차로 드라이브를 해도 좋다.

찾아보기
# 키워드로 읽는 광주

## 기타

여행자를 위한
도시 인문학

광주

초판 1쇄 발행 2022년 3월 25일

**지은이**    김준
**펴낸이**    박희선

**편집**    채희숙
**디자인**    디자인 잔
**사진**    김준, Shutterstock, 광주광역시청, 광주역사민속박물관,
        국립무형유산원, 오방최흥종전시관, 나경택

**발행처**    도서출판 가지
**등록번호**    제25100-2013-000094호
**주소**    서울 서대문구 거북골로 154, 103-1001
**전화**    070-8959-1513
**팩스**    070-4332-1513
**전자우편**    kindsbook@naver.com
**블로그**    www.kindsbook.blog.me
**페이스북**    www.facebook.com/kindsbook
**인스타그램**    www.instagram.com/kindsbook

김준 ⓒ 2022

**ISBN**    979-11-86440-75-9 (04980)
        979-11-86440-17-9 (세트)